도와줘!
마음의소리
나는야
계산왕

3학년
1권

나는야 계산왕 3학년 1권

초판 1쇄 인쇄 2020년 7월 9일
초판 1쇄 발행 2020년 7월 16일

원작 조석 글·구성 김차명 좌승협 구성 도움 이효연 정소연
펴낸이 연준혁

편집 2본부 본부장 유민우
편집 2부서 부서장 류혜정
외주편집 박지혜
디자인 함지현

펴낸곳 (주)위즈덤하우스 출판등록 2000년 5월 23일 제13-1071호
주소 경기도 고양시 일산동구 정발산로 43-20 센트럴프라자 6층
전화 031)936-4000 팩스 031)903-3893 홈페이지 www.wisdomhouse.co.kr

ISBN 979-11-90908-36-8 64410
ISBN 979-11-90908-38-2 64410(세트)

도와 줘!
마음의소리

나는야 계산왕

3학년
1권

원작 조석

글·구성

김차명 교사
좌승협 교사

감수

김누리 교사
김현지 교사
이광원 교사
장기재 교사

위즈덤하우스

초등수학의 정석, 친절하고 유쾌한 길잡이!
《나는야 계산왕》이 있어 수학이 즐겁습니다!

★★★★★ 너무 재미있어서 만화를 여러 번 봤어요. 수학 설명인데도 재밌어요. 문제는 많았지만 조금만 틀려서 기분이 좋았고, 다른 수학 문제집을 풀 때보다 재미있게 풀었어요.

- 체험단 최시원 친구

★★★★★ 수 카드를 보고 가장 큰 세 자리 수와 가장 작은 세 자리 수를 쓰고 합을 구하는 문제 같은 것은 다른 문제집에서 못 본 것 같아요. 문제가 참신해서 좋았어요.

- 체험단 이연희 친구

★★★★★ 학습만화에 푹 빠져 있는 녀석이라 만화와 연산의 콜라보가 참 매력적으로 느껴지네요. 연산의 지루함을 만화가 재미나게 채워 주니까 좋아요. 3단계 학습법이라는 독특한 구성도 돋보여요. 문제집인 듯 문제집이 아닌, 한 번 풀고 끝나는 게 아니라 심심할 때마다 두고두고 볼 수 있는 책 같아서 추천하고 싶어요.

- 민혁맘 님

★★★★★ 아이들이 좋아하는 만화를 통해서 자연스럽게 개념 학습을 할 수 있다는 것이 첫 번째 장점이고, 시각적으로도 다양한 문제 유형 덕분에 아이들이 폭넓게 개념을 이해할 수 있다는 것이 두 번째 장점 같아요. 아이들이 다양한 문제를 풀어 보면서 다방면으로 개념을 이해하고 적용할 수 있기 때문에 문제해결에 대한 응용력을 더욱 키워 줄 수 있을 것으로 기대가 됩니다.

- 연우맘 님

★★★★★ 단원별로 도입 만화를 통해 가볍게 개념을 학습할 수 있고, 다양한 패턴의 문제가 있어 연산의 기초를 꼼꼼히 다질 수 있었습니다. 뿐만 아니라 하루 한 장의 부담 없는 학습량이라 아이가 스스로 꾸준히 학습할 수 있어서 만족스러웠네요.

- 서연맘 님

★★★★★ 연산을 싫어하는 아이가 개념 만화를 낄낄낄 웃으면서 읽어서 좋았어요. 문제도 양이 많은 편이 아니라 지루해하지 않아서 더 좋았어요. 아이가 좋아하는 모습이 참 보기 흐뭇했네요. 보통 아이들이 연산을 싫어하는데 이 책은 개념부터 재미있게 되어 있더라고요. 연산에 흥미를 붙여야 하는 아이들에게 딱이란 생각이 듭니다.

- 선유맘 님

《나는야 계산왕》을 함께 만든 체험단 친구들

김규리	김지한	남태경	봉선유	오윤아	이민혁	이현수	정혜주	최시원
김서연	김하린	박윤	송시은	윤서현	이연희	이효성	조연우	최윤우
김승욱	김하율	박주현	양시율	윤예서	이지유	정인후	진하윤	하지민

《나는야 계산왕》을 통해 여러분의 꿈에 한 발짝 가까워지기를 바랍니다

〈마음의 소리〉를 수학책으로 만든다는 이야기를 들었을 때 제일 먼저 든 생각은 '우리 애들도 나중에 이 수학책으로 공부를 하면 재미있겠다!'라는 것이었습니다.
저야 어린시절부터 쭈욱 수학이란 과목을 어려워했지만 〈마음의 소리〉를 보던 어린 친구들이나 아니면 〈마음의 소리〉를 봐 오시다가 자녀가 생긴 독자분들이 이 책으로 수학을 접한다면 의미있겠다는 기분도 들었고요.

제가 웹툰을 그려 오면서 공부와 관련된 책까지 함께할 거라는 생각은 해 본 적이 없어서 저 역시 두근거립니다. 개그만화로 웃음을 주는 것 이외에 다른 목적으로 책을 내 보는 건 처음이니까요. 물론 저도 풀어 볼 예정이지만.... 아마 많이 틀리겠죠?
저처럼 커서도 수학이 어렵거나 꺼려지는 어른이 되지 않기 위해 독자분들은 이런 친근한 형태의 책으로 도움을 많이 받으셨으면 합니다.
훌륭한 선생님들께서 만들어 주신 책이라 아마 그럴 수 있지 않을까 싶네요!

단순히 재미난 문제집 한 권이 아닌, 즐거운 도움을 드리는 책이 되었으면 합니다.
조금 더 거창하게 말하자면 이 책을 접하는 어린 친구들이 먼 미래의 꿈을 이루는 데 도움이 되었으면 하고요.
여전히 수학이 어려운 저 같은 사람이 되지 않길 바라며 응원하겠습니다.
화이팅!

조석

할수 있어!

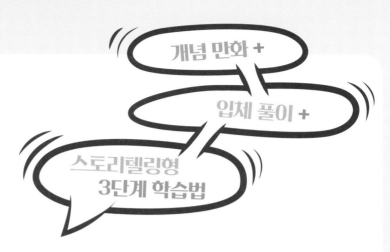

개념 만화 +

입체 풀이 +

스토리텔링형
3단계 학습법

우리 아이들도
신나게 수학을 배울 수 있습니다!

매년 학부모 상담 기간이 되면 아이가 수학을 어려워한다며 걱정하시는 부모님들을 만나게 됩니다. 교사인 저희에게도 무척 고민이 되는 지점입니다. 숫자 가득한 문제집을 앞에 두고 한숨을 푹 쉬며 연필을 집어 드는 아이들을 볼 때마다 '우리 아이들이 신나게 수학을 배울 수는 없는 것일까' 교사로서의 걱정도 깊어집니다.

수학에 있어서 반복적인 문제풀이는 반드시 필요한 과정이지만, 기본 개념이 잡히지 않은 상태에서 무턱대고 문제만 푸는 것은 우리 아이들이 수학을 싫어하게 되는 가장 첫 번째 이유입니다. 아이들이 공부를 지겨워하는 것은, 지겨울 수밖에 없는 방식으로 배우기 때문입니다. 우리 어른들의 생각과 달리, 아이들은 모르는 것을 아는 일에, 아는 것을 새로운 방법으로 익히는 일에 훨씬 많은 흥미를 가지고 있습니다. 재미있게 가르치면 재미있게 배울 수 있고, 흥미를 느낀 이후에는 하나를 알려 주면 열을 익히게 됩니다. 수학을 주입식으로 가르칠 것이 아니라, 개념을 알려 주고 입체적으로 풀게 하는 것이 중요한 이유입니다. 이러한 고민을 바탕으로 개발한 문제집이 기본 개념을 만화로 익히고 문제는 다양한 유형으로 접하도록 한《나는야 계산왕》입니다.

계산왕!

시키지 않아도 아이가 먼저 찾아 읽는 개념 만화

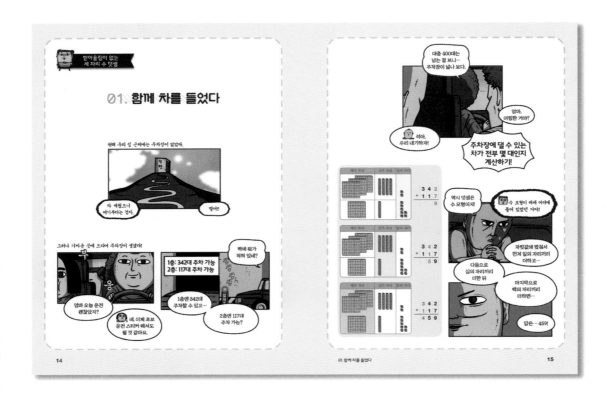

집중 시간이 짧은 아이들을 위해 만화로 기본 개념을 설명합니다. 게임 속 캐릭터와 함께 수학 미션을 수행하고, 유튜브 구독자 수를 늘리기 위한 배틀을 벌이면서, 수학이 우리 일상에 얼마나 필요하고 친숙한 과목인지를 자연스럽게 익힐 수 있어요. 무엇보다 그림으로 하나하나 개념을 익히게 되니까, 교과서보다 재미있게 학습지보다 신나게 수학의 개념을 익히게 됩니다. 만화라서 재밌으니까, 개념공부라서 유용하니까! 시키지 않아도 먼저 찾아서 하는 수학 공부《나는야 계산왕》으로 우리 아이의 수학에 대한 거부감을 없애 주세요!

STEP 02
다양한 유형으로 탄탄한 실력을 만드는 연산 문제

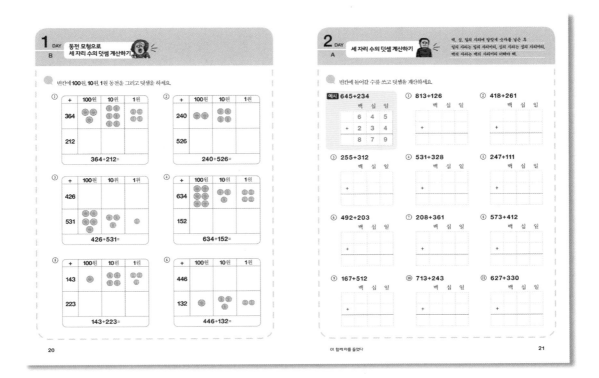

3학년이 되면 1~2학년 때 학습한 덧셈, 뺄셈, 곱셈에 이어 연산의 마지막인 나눗셈을 학습합니다. 나눗셈은 사칙연산 중 학생들이 이해하기에 가장 어려운 연산입니다. 나눗셈 문제를 해결하기 위해서는 덧셈, 뺄셈, 곱셈을 모두 이해하고 적용할 수 있어야 합니다. 학생의 연산 실력을 키우기 위해서는 학생 스스로 개념을 이해할 수 있는 환경을 제공하고, 다양한 방법으로 문제를 해결할 수 있는 기회를 제공해야 합니다. 의미 있는 연산 학습은 한 문제를 풀더라도 다양한 해결 방법을 떠올리고 적용하는 것입니다. 《나는야 계산왕》은 최대한 다양한 해결 방법을 도출할 수 있도록 여러 유형의 연산 문제를 구성했습니다. 한결 어려워진 문제에 당황하기 쉬운 3학년 수학, 《나는야 계산왕》을 통해서 의미 있는 연산 학습을 시작해 보세요.

개정교육과정의 수학 교과 역량을 반영한 스토리텔링 문제

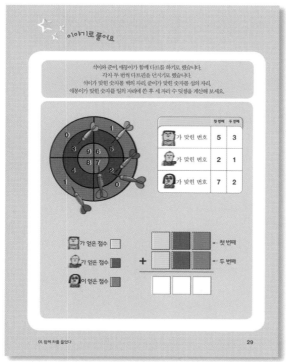

수학 문제의 지문은 점점 더 복잡해지고 길어집니다. 계산식을 아무리 잘 풀어도, 긴 지문을 수학식으로 전환하는 사고력과 창의력이 없다면 정답을 찾아낼 수 없습니다. 《나는야 계산왕》은 모든 단원의 끝에 다양한 수학적 상황을 지문과 게임 형식으로 제시하고 이를 수학식으로 치환하도록 문제를 구성해 우리 아이들의 수학 교과 역량을 최대치로 끌어올릴 수 있도록 했습니다. 탄탄한 연산 실력에 창의력을 더할 완벽한 스토리텔링형 추론 문제! 어려운 문제도 뚝딱 풀어내는 힘,《나는야 계산왕》이 키워 줍니다!

캐릭터 소개

우리 가족 모두 계산왕이 될 거야!

석이

안녕, 내 이름은 조석이야.
우리 함께 재미있는 수학 공부 시작해 볼까?

애봉이

석이와 함께 수학을 공부하고 있어!
어린이 친구들, 모두 함께 힘내자!

우리 친구들,
계산왕이 될 때까지 화.이.팅.

아빠

엄마

권별 학습구성

★ 1학년 1학기 ★

1단원	9까지의 수를 모으고 가르기
2단원	한 자리 수의 덧셈
3단원	한 자리 수의 뺄셈
4단원	덧셈과 뺄셈 해 보기
5단원	덧셈식과 뺄셈식 만들기
6단원	19까지의 수를 모으고 가르기
7단원	50까지의 수
8단원	덧셈과 뺄셈 종합

★ 1학년 2학기 ★

1단원	100까지의 수
2단원	몇십몇+몇, 몇십몇-몇
3단원	몇십+몇십, 몇십-몇십
4단원	몇십몇+몇십몇, 몇십몇-몇십몇
5단원	세 수의 덧셈과 뺄셈
6단원	10이 되는 더하기
7단원	받아올림이 있는 (몇)+(몇)
8단원	십몇-몇=몇

★ 2학년 1학기 ★

1단원	세 자리 수
2단원	받아올림이 있는 (두 자리 수)+(한 자리 수)
3단원	받아올림이 있는 (두 자리 수)+(두 자리 수) I
4단원	받아올림이 있는 (두 자리 수)+(두 자리 수) II
5단원	받아내림이 있는 (두 자리 수)-(한 자리 수)
6단원	받아내림이 있는 (몇십)-(몇십몇)
7단원	받아내림이 있는 (몇십몇)-(몇십몇)
8단원	여러 가지 방법으로 덧셈, 뺄셈 하기
9단원	세 수의 덧셈과 뺄셈
10단원	곱셈의 의미

★ 2학년 2학기 ★

1단원	2단과 5단
2단원	3단과 6단
3단원	2단, 3단, 5단, 6단
4단원	4단과 8단
5단원	0단, 1단, 7단, 9단
6단원	0단, 1단, 4단, 7단, 8단, 9단
7단원	1~9단 종합
8단원	0~9단 종합

★ 3학년 1학기 ★

1단원	받아올림이 없는 세 자리 수 덧셈
2단원	받아올림이 있는 세 자리 수 덧셈
3단원	받아내림이 한 번 있는 세 자리 수 뺄셈
4단원	받아내림이 두 번 있는 세 자리 수 뺄셈
5단원	똑같이 나누기
6단원	나눗셈해 보기
7단원	올림이 없는 (몇십몇)×(몇) 곱셈하기
8단원	올림이 한 번 있는 (몇십몇)×(몇) 곱셈하기 I
9단원	올림이 한 번 있는 (몇십몇)×(몇) 곱셈하기 II
10단원	올림이 두 번 있는 (몇십몇)×(몇) 곱셈하기

★ 3학년 2학기 ★

1단원	올림이 없는 (세 자리 수)×(한 자리 수)
2단원	올림이 있는 (세 자리 수)×(한 자리 수)
3단원	(몇십몇)×(몇십몇) I
4단원	(몇십몇)×(몇십몇) II
5단원	몇십몇÷몇
6단원	나머지가 있는 나눗셈
7단원	세 자리 수÷한 자리 수
8단원	계산이 맞는지 확인하기
9단원	분수로 나타내기
10단원	여러 가지 분수

차례

01. 함께 차를 들었다

원래 우리 집 근처에는 주차장이 없었다.

차 세웠으니
여기부터는 걷자.

멀어!!

그러나 가까운 곳에 드디어 주차장이 생겼다!

엄마 오늘 운전
괜찮았지?

네. 이제 초보
운전 스티커 떼셔도
될 것 같아요.

벽에 뭐가
적혀 있네?

1층: 342대 주차 가능
2층: 117대 주차 가능

1층엔 342대
주차할 수 있고…

2층엔 117대
주차 가능?

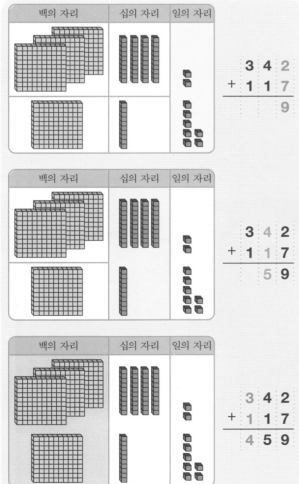

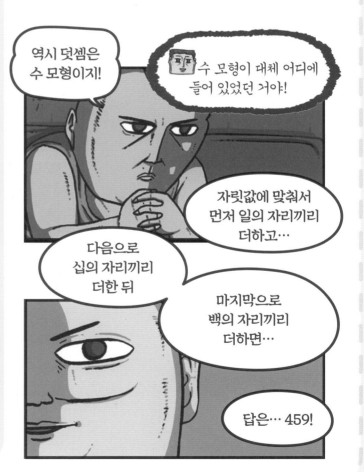

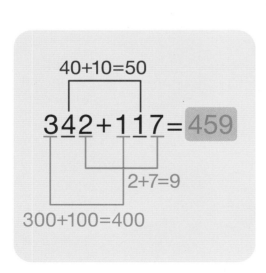

그래서 우리는

함께 차를 들었다.

※어린이 여러분은 절대 따라 하지 마세요!

엄마, 너무
힘들어요!

조금만··· 조금만
더 선에 맞추자!

저 사람들
뭐지!?

!?!?!?!?!?!?!?!?!?!?

 일의 자리는 일의 자리끼리, 십의 자리는 십의 자리끼리,
백의 자리는 백의 자리끼리 더해야 한다는 것을 잊지 마!

동전 모형으로
세 자리 수의 덧셈 계산하기

동전 모형을 그리고 덧셈 문제를 해결해 봐.
100원, 10원, 1원을 그려 넣으면
덧셈의 원리를 쉽게 파악할 수 있어.

💬 빈칸에 **100**원, **10**원, **1**원 동전을 그리고 덧셈을 하세요.

예시

+	100원	10원	1원
233	💰💰	🪙🪙🪙	🪙🪙🪙
241	💰💰	🪙🪙🪙	🪙

233+241=474

①

+	100원	10원	1원
312	💰💰💰	🪙	🪙🪙
103			

312+103=

②

+	100원	10원	1원
542			
237	💰💰	🪙🪙🪙	🪙🪙🪙🪙🪙🪙🪙

542+237=

③

+	100원	10원	1원
663	💰💰💰💰💰💰	🪙🪙🪙🪙🪙🪙	🪙🪙🪙
325			

663+325=

④

+	100원	10원	1원
120	💰	🪙🪙	
336			

120+336=

⑤

+	100원	10원	1원
537			
251	💰💰	🪙🪙🪙🪙🪙	🪙

537+251=

동전 모형으로
세 자리 수의 덧셈 계산하기

💬 빈칸에 **100**원, **10**원, **1**원 동전을 그리고 덧셈을 하세요.

①

+	100원	10원	1원
364	🪙🪙🪙	🪙🪙🪙🪙🪙🪙	🪙🪙🪙🪙
212			

364+212=

②

+	100원	10원	1원
240	🪙🪙	🪙🪙🪙🪙	
526			

240+526=

③

+	100원	10원	1원
426			
531	🪙🪙🪙🪙🪙	🪙🪙🪙	🪙

426+531=

④

+	100원	10원	1원
634	🪙🪙🪙🪙🪙🪙	🪙🪙🪙	🪙🪙🪙🪙
152			

634+152=

⑤

+	100원	10원	1원
143	🪙	🪙🪙🪙🪙	🪙🪙🪙
223			

143+223=

⑥

+	100원	10원	1원
446			
132	🪙	🪙🪙🪙	🪙🪙

446+132=

세 자리 수의 덧셈 계산하기

백, 십, 일의 자리에 알맞게 숫자를 넣은 후
일의 자리는 일의 자리끼리, 십의 자리는 십의 자리끼리,
백의 자리는 백의 자리끼리 더해야 해.

 빈칸에 들어갈 수를 쓰고 덧셈을 계산하세요.

예시 645+234

	백	십	일
	6	4	5
+	2	3	4
	8	7	9

① 813+126

② 418+261

③ 255+312

④ 531+328

⑤ 247+111

⑥ 492+203

⑦ 208+361

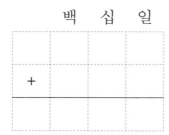

⑧ 573+412

⑨ 167+512

⑩ 713+243

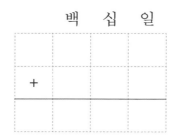

⑪ 627+330

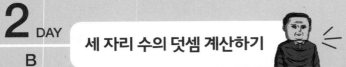

🗨 빈칸에 들어갈 수를 쓰고 덧셈을 계산하세요.

① 385+212

② 536+143

③ 493+204

④ 527+332

⑤ 811+107

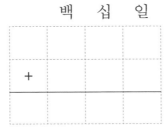

⑥ 587+112

⑦ 124+214

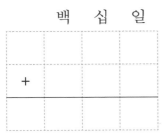

⑧ 358+341

⑨ 763+126

⑩ 406+353

⑪ 732+244

⑫ 363+524

세 자리 수의 세로셈 계산하기(1)

덧셈 계산을 하고 나서 꼭 다시 확인해 봐야 해.
계산 실수를 줄이기 위해서는 꼼꼼히 계산하는 것도
중요하지만 내 풀이를 다시 확인하는 것도 중요해.

💬 덧셈을 계산하세요.

①
```
    1 2 3
+   4 6 1
---------
```

②
```
    6 5 2
+   3 3 6
---------
```

③
```
    1 5 1
+   4 4 2
---------
```

④
```
    4 1 1
+   3 3 5
---------
```

⑤
```
    5 2 4
+   2 3 2
---------
```

⑥
```
    7 0 9
+   2 9 0
---------
```

⑦
```
    2 7 2
+   1 2 3
---------
```

⑧
```
    6 4 2
+   3 2 7
---------
```

⑨
```
    8 1 8
+   1 5 0
---------
```

⑩
```
    2 3 6
+   5 6 3
---------
```

⑪
```
    4 2 2
+   5 3 6
---------
```

⑫
```
    5 2 5
+   2 0 2
---------
```

⑬
```
    5 7 2
+   3 2 6
---------
```

⑭
```
    1 5 7
+   1 1 2
---------
```

⑮
```
    2 7 8
+   2 0 1
---------
```

⑯
```
    3 4 5
+   3 1 1
---------
```

⑰
```
    1 3 7
+   3 2 1
---------
```

⑱
```
    6 3 1
+   3 0 4
---------
```

⑲
```
    4 8 3
+   1 1 1
---------
```

⑳
```
    2 5 5
+   3 4 0
---------
```

덧셈을 계산하세요.

①
```
    4 7 3
+   3 1 6
```

②
```
    2 5 1
+   6 0 7
```

③
```
    1 1 8
+   4 8 1
```

④
```
    5 7 3
+   4 0 5
```

⑤
```
    6 6 4
+   2 1 3
```

⑥
```
    3 2 9
+   5 4 0
```

⑦
```
    1 2 1
+   7 5 1
```

⑧
```
    4 9 3
+   3 0 4
```

⑨
```
    1 0 3
+   8 8 2
```

⑩
```
    2 4 6
+   7 2 2
```

⑪
```
    6 0 2
+   1 9 4
```

⑫
```
    5 2 8
+   3 5 1
```

⑬
```
    4 7 9
+   3 1 0
```

⑭
```
    5 0 8
+   2 2 1
```

⑮
```
    8 3 2
+   1 6 5
```

⑯
```
    2 9 4
+   6 0 3
```

⑰
```
    6 2 7
+   3 3 1
```

⑱
```
    8 0 2
+   1 8 2
```

⑲
```
    7 6 3
+   2 1 6
```

⑳
```
    3 2 1
+   5 2 7
```

세 자리 수의 세로셈 계산하기(2)

일의 자리부터 더해도 되지만, 십의 자리, 백의 자리부터 더해도 돼. 한 가지 방법으로 푸는 것보다는 다양한 방법으로 덧셈 문제를 해결해 보자.

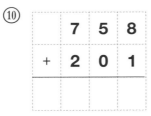 덧셈을 계산하세요.

①
```
    4 2 1
+   4 5 4
```

②
```
    7 2 5
+   1 2 3
```

③
```
    1 2 5
+   5 1 3
```

④
```
    5 0 2
+   3 2 7
```

⑤
```
    1 1 3
+   3 5 5
```

⑥
```
    2 4 6
+   5 4 3
```

⑦
```
    6 0 2
+   1 6 4
```

⑧
```
    3 5 1
+   3 1 5
```

⑨
```
    3 4 1
+   3 3 1
```

⑩
```
    7 5 8
+   2 0 1
```

⑪
```
    4 5 2
+   5 2 4
```

⑫
```
    3 5 8
+   6 2 1
```

⑬
```
    2 4 2
+   5 0 4
```

⑭
```
    3 2 4
+   5 2 5
```

⑮
```
    3 5 4
+   6 0 1
```

⑯
```
    8 2 5
+   1 3 4
```

⑰
```
    3 6 8
+   5 0 1
```

⑱
```
    4 4 1
+   3 4 7
```

⑲
```
    6 6 6
+   3 3 3
```

⑳
```
    1 0 8
+   7 5 1
```

세 자리 수의 세로셈 계산하기(2)

덧셈을 계산하세요.

①
```
    2 2 6
+   2 5 3
─────────
```

②
```
    8 5 2
+   1 4 4
─────────
```

③
```
    3 6 2
+   5 1 7
─────────
```

④
```
    2 0 9
+   6 4 0
─────────
```

⑤
```
    3 1 8
+   3 4 0
─────────
```

⑥
```
    5 6 7
+   2 3 1
─────────
```

⑦
```
    4 7 0
+   4 1 5
─────────
```

⑧
```
    7 9 3
+   1 0 5
─────────
```

⑨
```
    8 0 3
+   1 2 4
─────────
```

⑩
```
    6 3 8
+   1 5 1
─────────
```

⑪
```
    2 1 1
+   5 8 4
─────────
```

⑫
```
    4 3 3
+   5 6 0
─────────
```

⑬
```
    3 4 1
+   4 4 7
─────────
```

⑭
```
    7 0 3
+   1 4 3
─────────
```

⑮
```
    6 4 9
+   2 3 0
─────────
```

⑯
```
    3 1 7
+   3 5 2
─────────
```

⑰
```
    2 2 6
+   3 1 2
─────────
```

⑱
```
    5 0 7
+   3 2 2
─────────
```

⑲
```
    1 6 7
+   3 1 2
─────────
```

⑳
```
    5 5 8
+   2 3 0
─────────
```

5 DAY

A

세 자리 수 만들어 덧셈하기

가장 큰 수를 만들 때에는 백의 자리에 가장 큰 수를 넣어야 해. 반대로 가장 작은 수를 만들 때에는 백의 자리에 가장 작은 수를 넣어야 해.

수 카드 **4**장 중 **3**장을 골라 세 자리 수를 만들려고 합니다. 만들 수 있는 가장 큰 수와 가장 작은 수의 합을 구하세요.

이 카드들로 가장 큰 수를 어떻게 만들지?

7	6	2
가장 큰 숫자	두 번째로 큰 숫자	세 번째로 큰 숫자

1 2 6 7

가장 큰 숫자를 백의 자리에, 두 번째로 큰 숫자를 십의 자리에 세 번째로 큰 숫자를 일의 자리에 놓으면 돼.

가장 작은 수를 만들 때는 백의 자리에 0을 놓지 않게 조심하자!

0 2 5 (X) 세 자리 수가 아님

2 0 5 (O) 가장 작은 수

6 0 2 5

예시	카드번호	**1, 2, 6, 7**
	가장 큰 수	762
	가장 작은 수	126
	합	888

①
카드번호	**3, 1, 2, 5**
가장 큰 수	
가장 작은 수	
합	

②
카드번호	**6, 0, 2, 5**
가장 큰 수	
가장 작은 수	
합	

③
카드번호	**6, 0, 4, 3**
가장 큰 수	
가장 작은 수	
합	

④
카드번호	**2, 3, 4, 1**
가장 큰 수	
가장 작은 수	
합	

⑤
카드번호	**3, 0, 2, 5**
가장 큰 수	
가장 작은 수	
합	

세 자리 수 만들어 덧셈하기

수 카드 **4**장 중 **3**장을 골라 세 자리 수를 만들려고 합니다. 만들 수 있는 가장 큰 수와 가장 작은 수의 합을 구하세요.

①
카드번호	3, 6, 1, 2
가장 큰 수	
가장 작은 수	
합	

②
카드번호	4, 5, 2, 0
가장 큰 수	
가장 작은 수	
합	

③
카드번호	2, 8, 0, 1
가장 큰 수	
가장 작은 수	
합	

④
카드번호	3, 4, 1, 5
가장 큰 수	
가장 작은 수	
합	

⑤
카드번호	4, 7, 2, 0
가장 큰 수	
가장 작은 수	
합	

⑥
카드번호	1, 3, 2, 8
가장 큰 수	
가장 작은 수	
합	

⑦
카드번호	3, 6, 2, 4
가장 큰 수	
가장 작은 수	
합	

⑧
카드번호	8, 6, 0, 1
가장 큰 수	
가장 작은 수	
합	

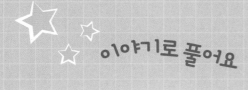

석이와 준이, 애봉이가 함께 다트를 하기로 했습니다.
각자 두 번씩 다트핀을 던지기로 했습니다.
석이가 맞힌 숫자를 백의 자리, 준이가 맞힌 숫자를 십의 자리,
애봉이가 맞힌 숫자를 일의 자리에 쓴 후 세 자리 수 덧셈을 계산해 보세요.

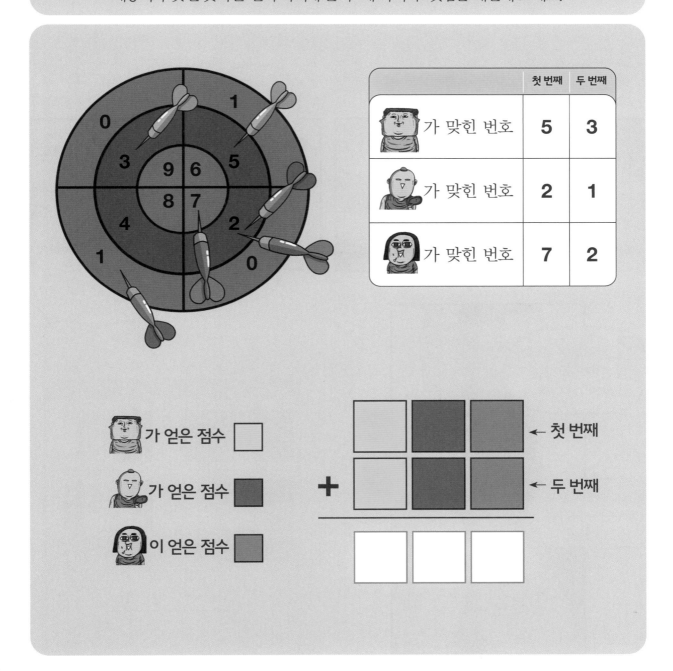

		첫 번째	두 번째
	가 맞힌 번호	5	3
	가 맞힌 번호	2	1
	가 맞힌 번호	7	2

02. 워터파크에서 더위 먹기

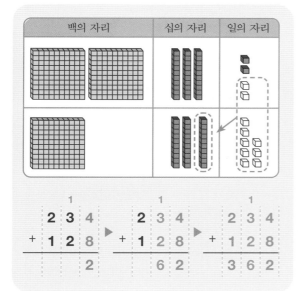

백의 자리	십의 자리	일의 자리

아냐, 더 적을 수도 있으니까 정확히 계산해 보자!

음… 일단 일의 자리부터 계산하면 4+8=12니까, 12의 십의 자리

1을 십의 자리로 받아올림하고 더하면 362명이네.

그래도 참을성 있게 기다리자,

드디어 입장이다!

놀이기구들이 우리를 반겼다.

저 놀이기구는 좀 기다리셔야 하는데요…

현재 일반 대기자가 457명이고…

VIP 대기자가 259명입니다.

백의 자리	십의 자리	일의 자리
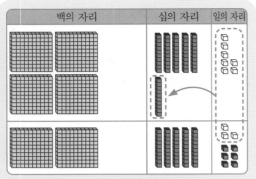

7+9=16에서 1을 십의 자리로 받아올림해요.

```
      1
    4 5 7
  + 2 5 9
        6
```

백의 자리	십의 자리	일의 자리
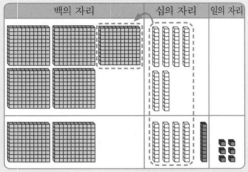

50+50=100에서 받아올림한 값 10을 더하면 110이 돼요.
여기서 백의 자리 1을 다시 백의 자리로 받아올림해요.

```
    1 1
    4 5 7
  + 2 5 9
      1 6
```

백의 자리	십의 자리	일의 자리
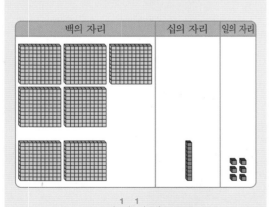

```
    1 1
    4 5 7
  + 2 5 9
    7 1 6
```

그게 뭐야!

457+259는… 일의 자리부터 순서대로 계산하고 받아올림을 하면…

결국 716명이나 기다린다는 거잖아!!

어? 저게 더 재미있을 것 같은데?

아빠, 우리 워터 슬라이드 타러 가요!

슬라이드 일반 대기자는 943명이고…

VIP 대기자는 188명 이랍니다…

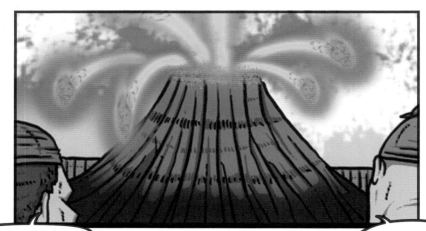

뜨겁네…

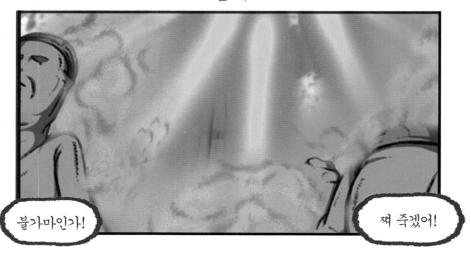

그렇게 실컷 더위만 느끼고 집에 갔다.

마음의 끌림

일의 자리에서 받아올림한 값은 십의 자리에 적으면 돼. 일의 자리끼리 더한 값 4+8=12에서 십의 자리 1은 일의 자리에 적을 수 없기 때문에 십의 자리로 받아올림 1을 해 줘야 해. 십의 자리끼리 더한 값이 받아올림 되면 백의 자리에 받아올림한 값을 적으면 돼.

받아올림이 한 번 있는
세 자리 수 덧셈

받아올림이 있는 덧셈을 계산할 때는 받아올림한 값을
적는 게 좋아! 계산할 때는 받아올림한 값과 같은
자리에 있는 값을 모두 더해야 하는 걸 잊지 마!

💬 덧셈을 계산해 보세요.

예시

	1		
	4	1	5
+	2	6	6
	6	8	1

①

	6	3	8
+	1	5	5

②

	5	5	9
+	3	2	8

③

	5	1	9
+	2	7	3

④

	2	0	7
+	4	6	8

⑤

	3	3	3
+	4	4	8

⑥

	1	3	5
+	3	4	5

⑦

	8	7	9
+	1	1	2

⑧

	4	1	8
+	2	4	6

⑨

	4	3	9
+	3	2	5

⑩

	6	0	6
+	2	0	6

⑪

	5	2	6
+	4	3	9

⑫

	2	3	7
+	2	1	6

⑬

	5	0	7
+	2	8	4

⑭

	3	1	5
+	4	2	8

⑮

	2	1	8
+	1	3	9

⑯

	2	0	4
+	5	5	6

⑰

	4	1	9
+	2	2	3

⑱

	7	3	8
+	1	0	9

⑲

	3	0	4
+	2	1	9

받아올림이 한 번 있는
세 자리 수 덧셈

💬 덧셈을 계산해 보세요.

①
```
      ☐
    5 7 3
  + 2 1 8
```

②
```
      ☐
    3 5 8
  + 4 2 3
```

③
```
      ☐
    2 0 9
  + 6 4 5
```

④
```
      ☐
    7 6 5
  + 1 2 6
```

⑤
```
      ☐
    5 2 9
  + 3 4 3
```

⑥
```
      ☐
    4 8 7
  + 4 0 6
```

⑦
```
      ☐
    2 1 8
  + 6 3 7
```

⑧
```
      ☐
    5 6 9
  + 1 0 9
```

⑨
```
      ☐
    1 3 3
  + 4 3 8
```

⑩
```
      ☐
    2 1 6
  + 1 3 7
```

⑪
```
      ☐
    4 2 6
  + 3 1 8
```

⑫
```
      ☐
    7 6 7
  + 1 0 4
```

⑬
```
      ☐
    4 3 3
  + 3 2 9
```

⑭
```
      ☐
    1 2 1
  + 7 6 9
```

⑮
```
      ☐
    3 7 2
  + 3 0 9
```

⑯
```
      ☐
    1 3 6
  + 6 3 5
```

⑰
```
      ☐
    3 4 5
  + 4 4 9
```

⑱
```
      ☐
    2 5 7
  + 1 3 7
```

⑲
```
      ☐
    6 3 2
  + 1 4 8
```

⑳
```
      ☐
    2 6 7
  + 4 0 8
```

받아올림이 두 번 있는 세 자리 수 덧셈

받아올림이 두 번 나온다고 겁먹지 않았지?
받아올림이 여러 번 나와도 차분히 받아올림한 값을
적고 자릿값에 맞게 계산하면 돼.

 덧셈을 계산해 보세요.

예시

```
    1   1
    4   4   8
+   2   6   5
    7   1   3
```

①
```
    3   8   9
+   2   5   4
```

②
```
    9   5   4
+   1   8   8
```

③
```
    1   6   9
+   7   7   8
```

④
```
    3   8   9
+   7   7   2
```

⑤
```
    7   6   5
+   1   9   7
```

⑥
```
    1   8   1
+   7   8   9
```

⑦
```
    5   9   8
+   2   3   7
```

⑧
```
    1   6   5
+   9   4   8
```

⑨
```
    2   7   5
+   4   4   7
```

⑩
```
    6   1   8
+   2   8   5
```

⑪
```
    4   9   3
+   7   2   8
```

⑫
```
    1   6   2
+   1   9   9
```

⑬
```
    3   3   6
+   2   6   9
```

⑭
```
    5   3   9
+   3   8   2
```

⑮
```
    2   7   8
+   4   2   2
```

⑯
```
    7   1   9
+   1   9   1
```

⑰
```
    9   3   8
+   3   6   4
```

⑱
```
    6   5   9
+   4   9   1
```

⑲
```
    2   6   6
+   9   9   8
```

받아올림이 두 번 있는
세 자리 수 덧셈

💬 덧셈을 계산해 보세요.

①
```
     6 5 8
  +  1 6 3
```

②
```
     3 7 8
  +  4 2 3
```

③
```
     2 0 9
  +  3 9 7
```

④
```
     6 4 3
  +  1 7 9
```

⑤
```
     5 9 2
  +  3 3 9
```

⑥
```
     4 8 7
  +  4 7 4
```

⑦
```
     4 2 5
  +  3 8 6
```

⑧
```
     4 0 3
  +  2 9 8
```

⑨
```
     1 1 9
  +  5 9 2
```

⑩
```
     4 7 8
  +  2 4 3
```

⑪
```
     1 9 7
  +  5 4 7
```

⑫
```
     3 1 2
  +  5 8 9
```

⑬
```
     4 9 7
  +  3 4 8
```

⑭
```
     3 8 2
  +  2 6 9
```

⑮
```
     1 3 6
  +  7 8 6
```

⑯
```
     3 4 5
  +  2 5 8
```

⑰
```
     4 9 3
  +  3 9 8
```

⑱
```
     2 5 7
  +  4 6 9
```

⑲
```
     4 1 9
  +  6 9 1
```

⑳
```
     3 8 4
  +  7 3 8
```

세 자리 수 덧셈 두 번 하기

덧셈 계산이 어려울 때는 주어진 덧셈식을 세로셈으로 바꿔서 계산해 봐. 계산하기 편한 식으로 바꿔서 푸는 것도 수학 문제를 해결할 때 중요해.

🔵 빈칸에 알맞은 수를 쓰세요.

예시

$$456 \xrightarrow{+184} 640 \xrightarrow{+132} 772$$

① $325 \xrightarrow{+318} \boxed{} \xrightarrow{+189} \boxed{}$

② $139 \xrightarrow{+222} \boxed{} \xrightarrow{+368} \boxed{}$

③ $535 \xrightarrow{+118} \boxed{} \xrightarrow{+437} \boxed{}$

④ $192 \xrightarrow{+285} \boxed{} \xrightarrow{+301} \boxed{}$

⑤ $423 \xrightarrow{+188} \boxed{} \xrightarrow{+425} \boxed{}$

⑥ $206 \xrightarrow{+128} \boxed{} \xrightarrow{+354} \boxed{}$

⑦ $765 \xrightarrow{+128} \boxed{} \xrightarrow{+139} \boxed{}$

⑧ $300 \xrightarrow{+258} \boxed{} \xrightarrow{+365} \boxed{}$

⑨ $437 \xrightarrow{+318} \boxed{} \xrightarrow{+295} \boxed{}$

3 DAY
B

세 자리 수 덧셈 두 번 하기

⚫ 빈칸에 알맞은 수를 쓰세요.

①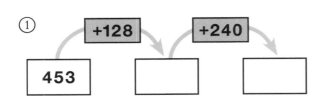
453 [+128] [ ] [+240] [ ]

②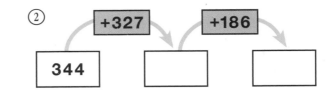
344 [+327] [ ] [+186] [ ]

③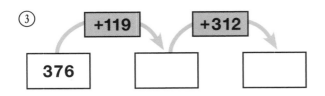
376 [+119] [ ] [+312] [ ]

④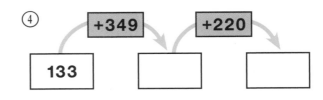
133 [+349] [ ] [+220] [ ]

⑤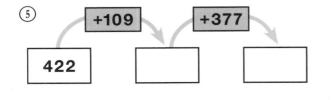
422 [+109] [ ] [+377] [ ]

⑥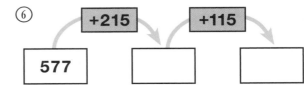
577 [+215] [ ] [+115] [ ]

⑦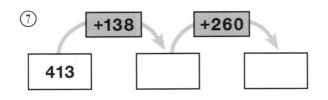
413 [+138] [ ] [+260] [ ]

⑧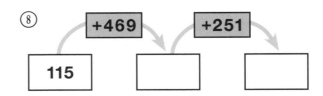
115 [+469] [ ] [+251] [ ]

⑨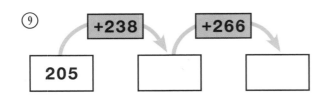
205 [+238] [ ] [+266] [ ]

⑩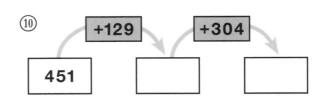
451 [+129] [ ] [+304] [ ]

40

세 자리 수 덧셈식 완성하기

152의 십의 자리 5와 빈칸의 수를 더해서 4가 나오려면 빈칸에는 9를 넣어야 해. 5+9=14니까, 십의 자리 1을 백의 자리로 받아올림해야 해.

💬 빈칸에 알맞은 수를 써넣으세요

예시
```
    1  5  2
 +  3 [9] 6
  ─────────
   [5] 4  8
```

①
```
    4  3  5
 +  5 □  6
  ─────────
    □  6  1
```

②
```
    1  8 □
 +  3 □  5
  ─────────
    5  6  0
```

③
```
    1  3 □
 +  6 □  8
  ─────────
    7  9  5
```

④
```
    1  2 □
 +  □  □ 6
  ────────────
  1 0  6  3
```

⑤
```
    3  9 □
 +  9 □  4
  ────────────
  1 3  3  3
```

⑥
```
    5  2 □
 +  3 □  4
  ─────────
    9  1  6
```

⑦
```
    8  9 □
 +  2 □  2
  ────────────
  1 1  2  0
```

⑧
```
    4  7 □
 +  □  □ 6
  ─────────
    8  5  3
```

⑨
```
    6  4 □
 +  □  □ 6
  ────────────
  1 0  3  5
```

⑩
```
    2  9 □
 +  □  □ 4
  ────────────
  1 1  5  1
```

⑪
```
    4  5 □
 +  1 □  6
  ─────────
    6  2  3
```

⑫
```
    2  7 □
 +  6 □  9
  ─────────
    9  5  4
```

⑬
```
    8  8 □
 +  □  □ 9
  ────────────
  1 2  4  3
```

⑭
```
    9  0 □
 +  □  □ 7
  ────────────
  1 0  6  2
```

⑮
```
    4  3 □
 +  2 □  1
  ─────────
    □  2  5
```

⑯
```
    6  0 □
 +  □  □ 9
  ─────────
    8  8  3
```

⑰
```
    1  3 □
 +  □  □ 6
  ─────────
    4  7  3
```

⑱
```
    5  5 □
 +  □  □ 6
  ────────────
  1 1  7  4
```

⑲
```
    3  6  5
 +  □  □ 7
  ─────────
    5  9  2
```

세 자리 수 덧셈식 완성하기

💬 빈칸에 알맞은 수를 써넣으세요.

①
```
    4 7 1
+   2 □ 7
---------
    □ 1 8
```

②
```
    1 5 6
+   3 □ 5
---------
    □ 9 1
```

③
```
    5 2 □
+   2 □ 4
---------
    7 6 2
```

④
```
    6 7 □
+   3 □ 7
---------
    9 8 5
```

⑤
```
    6 1 9
+   □ □ 0
---------
  1 5 0 9
```

⑥
```
    4 7 □
+   5 □ 4
---------
  1 0 2 9
```

⑦
```
    2 4 □
+   3 □ 6
---------
    6 2 8
```

⑧
```
    4 6 □
+   2 □ 2
---------
    6 9 0
```

⑨
```
    6 1 □
+   □ □ 5
---------
    9 0 7
```

⑩
```
    4 6 □
+   □ □ 7
---------
  1 1 1 7
```

⑪
```
    3 9 □
+   □ □ 8
---------
    7 5 9
```

⑫
```
    5 6 □
+   3 □ 4
---------
    8 8 2
```

⑬
```
    2 1 □
+   5 □ 8
---------
    7 4 1
```

⑭
```
    5 3 □
+   □ □ 3
---------
  1 0 2 8
```

⑮
```
    8 4 □
+   □ □ 3
---------
  1 5 2 7
```

⑯
```
    4 7 □
+   6 □ 4
---------
  □ □ 5 7
```

⑰
```
    6 3 □
+   □ □ 7
---------
    9 6 2
```

⑱
```
    3 8 □
+   □ □ 7
---------
  1 1 6 4
```

⑲
```
    2 1 0
+   9 □ 9
---------
  □ □ 0 9
```

⑳
```
    5 3 7
+   □ □ 6
---------
    9 8 □
```

덧셈 계산 결과와
같은 값 찾기

주어진 덧셈식을 바로 계산하지 말고 눈으로 한 번
어림해 봐. 백의 자리끼리만 더해서 대충 얼마 정도
나올지 어림하면 계산 실수를 줄일 수 있어.

💬 덧셈 계산 결과와 같은 값을 찾아 선으로 연결하세요.

①
284+167 ·   · 1087
659+428 ·   · 451
579+164 ·   · 743

②
568+267 ·   · 1082
929+153 ·   · 616
358+258 ·   · 835

③
648+368 ·   · 840
208+632 ·   · 1016
551+388 ·   · 939

④
555+387 ·   · 1226
657+569 ·   · 942
130+286 ·   · 416

⑤
761+687 ·   · 1087
659+428 ·   · 1448
579+164 ·   · 743

⑥
564+368 ·   · 1114
883+329 ·   · 1212
685+429 ·   · 932

⑦
534+627 ·   · 803
554+137 ·   · 1161
136+667 ·   · 691

⑧
647+583 ·   · 1230
237+824 ·   · 1061
541+260 ·   · 801

5 DAY B 덧셈 계산 결과와 같은 값 찾기

덧셈 계산 결과와 같은 값을 찾아 선으로 연결하세요.

① 482+767 ·   · 825
594+231 ·   · 1249
438+325 ·   · 763

② 248+271 ·   · 659
135+206 ·   · 341
398+261 ·   · 519

③ 319+454 ·   · 773
606+127 ·   · 733
523+267 ·   · 790

④ 813+228 ·   · 957
794+163 ·   · 1008
445+563 ·   · 1041

⑤ 134+394 ·   · 955
863+109 ·   · 528
838+117 ·   · 972

⑥ 455+563 ·   · 1018
321+735 ·   · 964
547+417 ·   · 1056

⑦ 643+521 ·   · 494
157+337 ·   · 1218
871+347 ·   · 1164

⑧ 913+324 ·   · 1237
579+663 ·   · 1242
357+368 ·   · 725

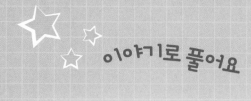

이야기로 풀어요

애봉이가 석이에게 줄 선물을 편지와 함께
상자에 넣어 자물쇠로 잠갔습니다.
자물쇠의 비밀번호는 무엇일까요?

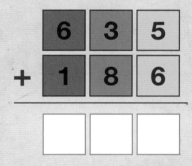

석이에게
석아, 생일 축하해.
네가 세 자리 수 덧셈을
잘한다고 해서
수학 문제와 함께
선물을 준비했어.
아래 문제를 풀면 자물쇠가 열려!

6	3	5
+ 1	8	6

생일선물을
꼭 자물쇠로
잠가야만 했니?

석이가 문제를
못 풀면 석이 선물은 내가
가져도 되겠다!!

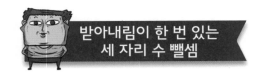
03. 운동은 너무 힘들어!

요즘 운동을 너무 안 했나 보다.

이런

생각보다 심각한 것 같은데…

지난 주에
산 옷이
안 맞아!?

왜 옷이
다 똑같지?

당신이 사 준 게
아니었어!?

좋아…
오늘부터

운동
시작이다!!

석이의 하루 운동 계획

▶ 윗몸 일으키기: 365개
▶ 아령 들기: 452개
▶ 러닝머신: 3시간

완벽한 계획이야!
어때, 애봉아?

꿈이 참 크네.

고 통

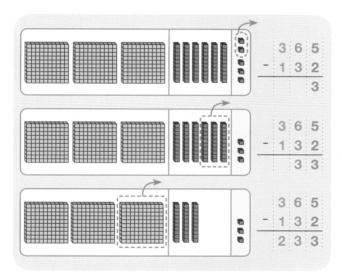

애봉이의 팔뚝은 너무나 우람했다.

더 따지기에는

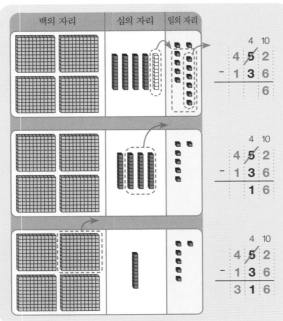

 마음의 꿀팁

일의 자리는 일의 자리와 십의 자리는 십의 자리와 백의 자리는 백의 자리와 뺄셈을 해야 해. 또 받아내림을 할 때는 받아내림 표시를 하고 계산을 해야 실수하지 않아!

1 DAY
A

**받아내림이 없는
세 자리 수 뺄셈**

뺄셈도 덧셈과 똑같이 같은 자릿값끼리 계산해야 해.
덧셈과 뺄셈에서 가장 중요한 건 같은 자릿값끼리
계산하는 거라는 걸 잊지 마!

 뺄셈을 계산하세요.

예시

	7	3	4
−	4	2	2
	3	1	2

①
	4	7	8
−	1	5	4

②
	8	5	6
−	2	3	2

③
	5	3	7
−	3	3	6

④
	7	8	8
−	2	1	2

⑤
	7	9	5
−	6	5	4

⑥
	5	2	5
−	1	1	1

⑦
	9	2	8
−	5	2	6

⑧
	4	6	6
−	3	0	3

⑨
	7	4	7
−	3	2	5

⑩
	3	1	7
−	1	0	2

⑪
	9	6	2
−	7	0	1

⑫
	7	5	2
−	1	3	1

⑬
	4	7	5
−	2	5	4

⑭
	6	3	5
−	3	1	2

⑮
	9	8	8
−	6	4	4

⑯
	5	6	8
−	4	4	5

⑰
	7	4	6
−	4	4	4

⑱
	9	2	9
−	7	0	5

⑲
	8	9	9
−	6	3	3

1 DAY
B

받아내림이 없는
세 자리 수 뺄셈

💬 뺄셈을 계산하세요.

①
```
    9 7 2
  - 4 3 1
```

②
```
    7 3 9
  - 5 2 3
```

③
```
    6 8 5
  - 2 7 2
```

④
```
    5 9 6
  - 1 4 5
```

⑤
```
    9 2 3
  - 5 1 1
```

⑥
```
    6 2 6
  - 4 1 2
```

⑦
```
    7 4 4
  - 3 2 3
```

⑧
```
    3 8 5
  - 1 3 4
```

⑨
```
    7 1 5
  - 5 0 2
```

⑩
```
    9 2 5
  - 3 1 4
```

⑪
```
    5 3 4
  - 2 1 2
```

⑫
```
    6 5 2
  - 3 1 2
```

⑬
```
    3 9 5
  - 2 6 4
```

⑭
```
    9 1 8
  - 6 1 5
```

⑮
```
    5 9 2
  - 4 4 1
```

⑯
```
    8 9 8
  - 1 3 6
```

⑰
```
    6 0 7
  - 2 0 2
```

⑱
```
    7 4 4
  - 6 3 3
```

⑲
```
    7 6 7
  - 4 1 6
```

⑳
```
    3 9 4
  - 2 0 1
```

받아내림이 한 번 있는
세 자리 수 뺄셈

받아내림을 할 때는 받아내림한 값을 표시하는 게
중요해. 표시를 하지 않으면 계산 실수를 할 수 있기
때문에 조심해야 해.

💬 뺄셈을 계산하세요.

예시

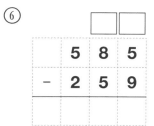

```
      8 10
    6  9̷  5
  -  4  8  8
    2  0  7
```

①
```
  □ □
  5 5 3
- 2 1 8
```

②
```
  □ □
  7 8 8
- 4 3 9
```

③
```
  □ □
  9 2 4
- 6 1 6
```

④
```
  □ □
  3 9 7
- 1 5 9
```

⑤
```
  □ □
  8 4 5
- 5 2 7
```

⑥
```
  □ □
  5 8 5
- 2 5 9
```

⑦
```
  □ □
  6 8 2
- 5 2 5
```

⑧
```
  □ □
  7 7 3
- 2 4 4
```

⑨
```
  □ □
  8 6 4
- 6 1 6
```

⑩
```
  □ □
  5 8 4
- 4 3 9
```

⑪
```
  □ □
  9 3 3
- 6 0 6
```

⑫
```
  □ □
  9 8 3
- 3 6 7
```

⑬
```
  □ □
  9 7 7
- 2 5 8
```

⑭
```
  □ □
  8 4 7
- 3 2 9
```

⑮
```
  □ □
  7 7 2
- 6 1 6
```

⑯
```
  □ □
  4 6 3
- 3 5 7
```

⑰
```
  □ □
  8 9 2
- 2 4 6
```

⑱
```
  □ □
  7 9 2
- 4 6 6
```

⑲
```
  □ □
  8 4 0
- 2 1 1
```

받아내림이 한 번 있는
세 자리 수 뺄셈

💬 뺄셈을 계산하세요.

① ☐☐
```
   7 9 1
 - 4 3 5
```

② ☐☐
```
   9 3 3
 - 5 2 6
```

③ ☐☐
```
   9 6 8
 - 7 3 9
```

④ ☐☐
```
   5 5 3
 - 2 3 7
```

⑤ ☐☐
```
   3 4 7
 - 1 1 8
```

⑥ ☐☐
```
   8 1 0
 - 6 0 6
```

⑦ ☐☐
```
   2 7 6
 - 1 4 8
```

⑧ ☐☐
```
   6 3 5
 - 4 1 9
```

⑨ ☐☐
```
   7 6 3
 - 1 2 4
```

⑩ ☐☐
```
   8 3 2
 - 6 2 7
```

⑪ ☐☐
```
   3 7 4
 - 2 4 5
```

⑫ ☐☐
```
   6 3 1
 - 4 1 8
```

⑬ ☐☐
```
   2 5 6
 - 1 2 7
```

⑭ ☐☐
```
   5 7 2
 - 3 2 9
```

⑮ ☐☐
```
   3 6 0
 - 1 4 4
```

⑯ ☐☐
```
   8 6 2
 - 7 0 5
```

⑰ ☐☐
```
   4 9 6
 - 2 5 8
```

⑱ ☐☐
```
   9 9 2
 - 2 6 8
```

⑲ ☐☐
```
   7 7 4
 - 4 3 6
```

⑳ ☐☐
```
   6 6 3
 - 4 1 6
```

세 자리 수 뺄셈

가로셈이 어려울 때는 세로셈으로 바꿔서 계산하면 돼.
계산하고 나서 내가 계산한 값이 맞았는지 확인하는 거
잊지 마.

 뺄셈을 계산하세요.

예시 796-177=619

① 895-549=

② 472-213=

③ 862-146=

④ 363-114=

⑤ 386-109=

⑥ 645-316=

⑦ 583-427=

⑧ 885-617=

⑨ 654-116=

⑩ 942-518 =

⑪ 364-127=

⑫ 947-228=

⑬ 873-645=

⑭ 982-179=

⑮ 786-348=

⑯ 974-629=

⑰ 431-213=

⑱ 318-164=

⑲ 947-681=

⑳ 316-164=

세 자리 수 뺄셈

 뺄셈을 계산하세요.

① 294-126=

② 284-145=

③ 855-529=

④ 437-218=

⑤ 415-309=

⑥ 893-545=

⑦ 780-324=

⑧ 355-136=

⑨ 276-168=

⑩ 641-224=

⑪ 844-716=

⑫ 438-329=

⑬ 451-217=

⑭ 233-125=

⑮ 931-708=

⑯ 972-403=

⑰ 897-609=

⑱ 844-636=

⑲ 916-742=

⑳ 506-324=

㉑ 426-164=

수직선은 수학에서 중요한 개념이야. 예시 문제의
빈칸은 수직선 전체인 855에서 649를 뺀 만큼이
되겠지? 반대로 하면 □+649=855가 될 거야.

💬 아래 수직선을 보고 뺄셈식을 세운 뒤 빈칸에 들어갈 수를 쓰세요.

예시

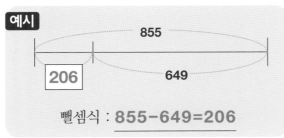

855

206

649

뺄셈식 : **855-649=206**

①

489

327

뺄셈식 : _____

②

868

329

뺄셈식 : _____

③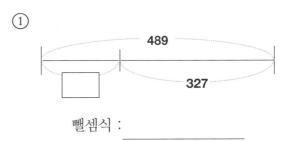

502

401

뺄셈식 : _____

④

642

219

뺄셈식 : _____

⑤

583

125

뺄셈식 : _____

⑥

764

326

뺄셈식 : _____

⑦

584

261

뺄셈식 : _____

⑧

764

359

뺄셈식 : _____

⑨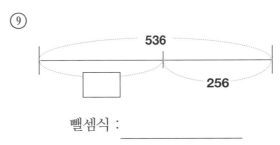

536

256

뺄셈식 : _____

아래 수직선을 보고 뺄셈식을 세운 뒤 빈칸에 들어갈 수를 쓰세요.

①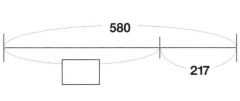

뺄셈식 : _____

②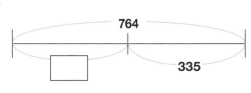

뺄셈식 : _____

③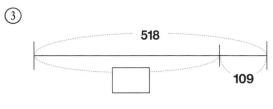

뺄셈식 : _____

④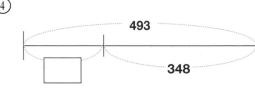

뺄셈식 : _____

⑤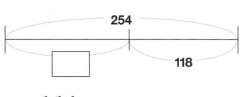

뺄셈식 : _____

⑥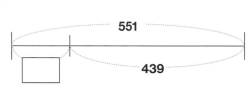

뺄셈식 : _____

⑦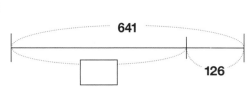

뺄셈식 : _____

⑧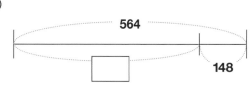

뺄셈식 : _____

⑨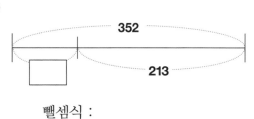

뺄셈식 : _____

⑩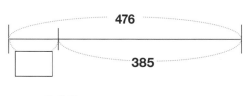

뺄셈식 : _____

세 자리 수 만들어
뺄셈하기

가장 큰 수, 가장 작은 수를 고를 때는 백의 자리부터
확인해야 하는 거 잊지 마! 백의 자리가 똑같으면 십의
자리, 일의 자리를 비교하면 돼.

다음 수 중에서 가장 큰 수와 가장 작은 수를 고르고 두 수의 차를 계산하세요.

587, 132, 632, 237

이 중에서 가장 큰 수와
가장 작은 수를
어떻게 찾지?

세 자리 수를
비교할 때에는
백의 자리부터
비교하면 좋아!

587, 132, 632, 237

이렇게 보니
어떤 수가 가장 큰 수이고
어떤 수가 가장 작은 수인지
알겠어!

만약 백의 자리가 같다면
십의 자리를 비교해 보자.

657, 624

예시

587, 132, 632, 237

가장 큰 수 : 632
가장 작은 수 : 132

```
    6 3 2
-   1 3 2
    5 0 0
```

두 수의 차 : 500

① 641, 967, 259, 360

가장 큰 수 :
가장 작은 수 :

```
  -
```

두 수의 차 :

② 861, 923, 218, 333

가장 큰 수 :
가장 작은 수 :

```
  -
```

두 수의 차 :

③ 347, 293, 452, 699

가장 큰 수 :
가장 작은 수 :

```
  -
```

두 수의 차 :

④ 823, 777, 206, 119

가장 큰 수 :
가장 작은 수 :

```
  -
```

두 수의 차 :

⑤ 426, 302, 257, 688

가장 큰 수 :
가장 작은 수 :

```
  -
```

두 수의 차 :

다음 수 중에서 가장 큰 수와 가장 작은 수를 고르고 두 수의 차를 계산하세요.

① **208, 681, 248, 865**

가장 큰 수 : ☐
가장 작은 수 : ☐

☐☐☐
−☐☐☐

두 수의 차 : ☐

② **409, 329, 553, 383**

가장 큰 수 : ☐
가장 작은 수 : ☐

☐☐☐
−☐☐☐

두 수의 차 : ☐

③ **447, 307, 271, 822**

가장 큰 수 : ☐
가장 작은 수 : ☐

☐☐☐
−☐☐☐

두 수의 차 : ☐

④ **205, 676, 150, 824**

가장 큰 수 : ☐
가장 작은 수 : ☐

☐☐☐
−☐☐☐

두 수의 차 : ☐

⑤ **530, 666, 737, 528**

가장 큰 수 : ☐
가장 작은 수 : ☐

☐☐☐
−☐☐☐

두 수의 차 : ☐

⑥ **683, 116, 498, 655**

가장 큰 수 : ☐
가장 작은 수 : ☐

☐☐☐
−☐☐☐

두 수의 차 : ☐

⑦ **957, 276, 678, 166**

가장 큰 수 : ☐
가장 작은 수 : ☐

☐☐☐
−☐☐☐

두 수의 차 : ☐

⑧ **357, 718, 439, 514**

가장 큰 수 : ☐
가장 작은 수 : ☐

☐☐☐
−☐☐☐

두 수의 차 : ☐

⑨ **619, 943, 633, 891**

가장 큰 수 : ☐
가장 작은 수 : ☐

☐☐☐
−☐☐☐

두 수의 차 : ☐

이야기로 풀어요

석이와 형은 건강한 몸을 만들기 위해서 줄넘기 운동을 하기로 했습니다.
석이는 줄넘기 **472**개를 했고, 형은 **346**개를 했습니다.
석이가 형보다 몇 개를 더 많이 했는지 뺄셈식을 만들어 보세요.

04. 구독자 수를 늘려라!

친구와 컴퓨터로 너튜브를 보던 때였다.

어? 석아, 이거
너희 형 아니야?

뭐?
우리 형이라고?

자, 오늘은
세 자리 수의
뺄셈을…

맞다, 형이 자기
영상 너튜브에
올린댔지.

근데 왜
수학 콘텐츠를
올렸지?

와, 너네 형
구독자 수
531명이나 된다!

이글이글

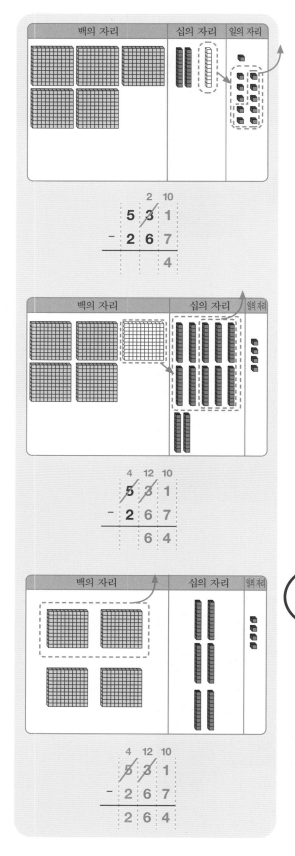

100번 퇴짜 맞음

겨우 동영상을 올렸는데…

구독자 수가 더 떨어져 있었다.

마음의
꿀팁

3	9	10
4	0	7
1	4	9
2	5	8

(둘째 줄과 셋째 줄 앞에는 − 기호)

407-149를 계산할 때 407의 십의 자리가 0이기 때문에
백의 자리 4에서 100을 빌려 와야 해. 빌려 온 100에서
10만큼을 일의 자리에 빌려주면 90이 남지?
그래서 십의 자릿값이 0에서 9로 바뀌게 돼.

1 DAY
A
받아내림이 두 번 있는 세 자리 수 뺄셈(1)

받아내림이 여러 번 나오면 실수할 수 있어. 실수를 줄이기 위해서는 받아내림이 있을 때마다 표시를 해야 해! 받아올림과 마찬가지로 받아내림도 꼭 표시하고 계산하자.

💬 뺄셈을 계산해 보세요.

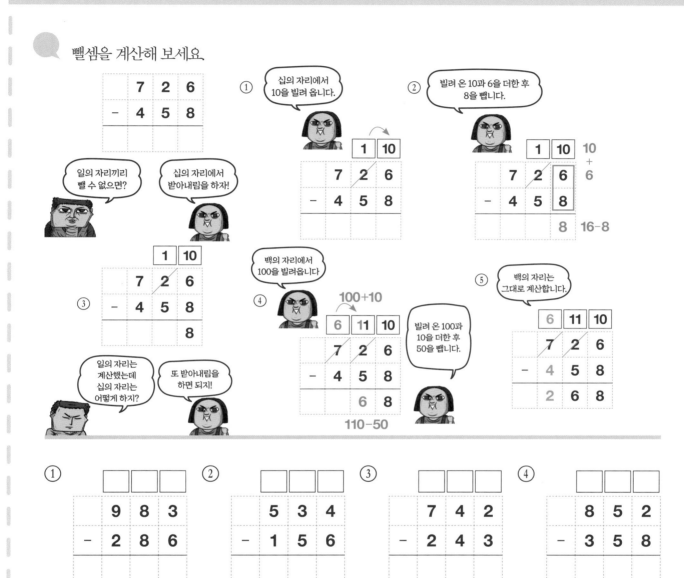

① 9 8 3 − 2 8 6

② 5 3 4 − 1 5 6

③ 7 4 2 − 2 4 3

④ 8 5 2 − 3 5 8

⑤ 5 1 7 − 2 9 8

⑥ 9 7 3 − 6 7 5

⑦ 8 4 1 − 4 6 7

⑧ 3 5 6 − 1 7 9

🗨 뺄셈을 계산해 보세요.

①
```
    7 0 7
  -　4 5 8
```

②
```
    4 4 8
  -　2 4 9
```

③
```
    5 7 3
  -　1 8 5
```

④
```
    8 5 8
  -　4 7 9
```

⑤
```
    2 3 0
  -　1 3 7
```

⑥
```
    9 7 2
  -　5 9 3
```

⑦
```
    8 4 4
  -　5 4 6
```

⑧
```
    3 7 8
  -　1 9 9
```

⑨
```
    4 2 3
  -　1 2 6
```

⑩
```
    6 4 0
  -　3 7 2
```

⑪
```
    7 6 5
  -　5 8 6
```

⑫
```
    5 9 2
  -　1 9 8
```

⑬
```
    3 4 2
  -　1 7 7
```

⑭
```
    4 8 7
  -　2 8 9
```

⑮
```
    9 0 3
  -　7 6 4
```

⑯
```
    9 5 4
  -　7 8 9
```

⑰
```
    7 3 5
  -　4 6 7
```

⑱
```
    4 6 4
  -　2 9 7
```

⑲
```
    6 1 2
  -　4 9 8
```

⑳
```
    3 0 4
  -　1 1 9
```

받아내림이 두 번 있는
세 자리 수 뺄셈(2)

예를 들어서 5-2=3이지? 그리고 5=2+3이고, 이 개념을
이용해서 검산을 할 수 있어. 542-164=378을 이용해서
542=164+378의 계산이 맞으면 올바르게 계산한 거야!

💬 뺄셈을 계산해 보세요.

예시

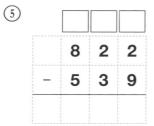

4	13	10
5̶	4̶	2
- 1	6	4
3	7	8

①
8	2	2
- 2	7	5

②
6	5	6
- 4	7	9

③
5	1	6
- 3	5	7

④
8	4	2
- 3	9	9

⑤
8	2	2
- 5	3	9

⑥
4	3	4
- 1	3	9

⑦
6	1	3
- 4	2	7

⑧
5	3	2
- 1	9	8

⑨
7	0	3
- 3	2	6

⑩
6	3	7
- 2	8	9

⑪
9	3	7
- 6	6	8

⑫
9	4	4
- 6	7	9

⑬
7	4	4
- 4	4	5

⑭
8	1	6
- 5	2	8

⑮
6	2	5
- 3	8	6

⑯
4	5	3
- 2	5	6

⑰
5	0	6
- 1	9	8

⑱
9	2	4
- 4	2	6

⑲
7	1	6
- 2	6	9

받아내림이 두 번 있는
세 자리 수 뺄셈(2)

 뺄셈을 계산해 보세요.

① □□□
```
    8 2 7
  - 3 4 9
```

② □□□
```
    6 2 8
  - 1 3 9
```

③ □□□
```
    4 4 0
  - 2 4 5
```

④ □□□
```
    8 1 2
  - 3 4 5
```

⑤ □□□
```
    4 0 3
  - 1 7 4
```

⑥ □□□
```
    5 6 6
  - 2 9 7
```

⑦ □□□
```
    9 5 7
  - 4 5 8
```

⑧ □□□
```
    8 6 0
  - 2 6 1
```

⑨ □□□
```
    3 5 2
  - 1 7 4
```

⑩ □□□
```
    4 7 1
  - 1 8 9
```

⑪ □□□
```
    2 1 6
  - 1 1 8
```

⑫ □□□
```
    9 3 5
  - 6 8 7
```

⑬ □□□
```
    4 2 6
  - 2 7 7
```

⑭ □□□
```
    3 1 2
  - 1 1 5
```

⑮ □□□
```
    7 6 7
  - 3 6 8
```

⑯ □□□
```
    7 4 2
  - 2 7 5
```

⑰ □□□
```
    9 2 3
  - 5 5 9
```

⑱ □□□
```
    6 5 4
  - 3 5 5
```

⑲ □□□
```
    7 3 4
  - 5 9 7
```

⑳ □□□
```
    5 7 3
  - 3 8 8
```

덧셈보다 뺄셈이 계산 실수하기 쉬운 연산이야. 그렇기 때문에 꼼꼼하게 받아내림을 표시하고 풀고 나서 확인하는 연습을 해야 해.

 뺄셈을 계산하세요.

예시 603-317=286

① 638-459=

② 832-355=

③ 963-265=

④ 866-477=

⑤ 933-458=

⑥ 814-697=

⑦ 946-367=

⑧ 813-195=

⑨ 312-123=

⑩ 404-238 =

⑪ 703-595=

⑫ 428-149=

⑬ 943-766=

⑭ 642-193=

⑮ 463-178=

⑯ 894-297=

⑰ 603-497=

⑱ 804-669=

⑲ 642-294=

⑳ 715-127=

세 자리 수 뺄셈
가로셈으로 계산하기

💬 뺄셈을 계산하세요.

① 810-346=＿＿＿＿

② 433-167=＿＿＿＿

③ 743-458=＿＿＿＿

④ 378-179=＿＿＿＿

⑤ 767-279=＿＿＿＿

⑥ 372-173=＿＿＿＿

⑦ 823-395=＿＿＿＿

⑧ 345-175=＿＿＿＿

⑨ 218-129=＿＿＿＿

⑩ 491-198=＿＿＿＿

⑪ 257-158=＿＿＿＿

⑫ 801-634=＿＿＿＿

⑬ 453-364=＿＿＿＿

⑭ 908-719=＿＿＿＿

⑮ 324-247=＿＿＿＿

⑯ 712-567=＿＿＿＿

⑰ 623-327=＿＿＿＿

⑱ 847-558=＿＿＿＿

⑲ 322-156=＿＿＿＿

⑳ 506-257=＿＿＿＿

㉑ 915-779=＿＿＿＿

수직선을 이용해 뺄셈하기

수직선에서 전체가 되는 값과 부분이 되는 값을 찾아야 해. 예시 문제에서 전체는 703이고 부분은 505라고 나와 있지? 나머지 부분을 구하려면 703-505를 해야 해.

아래 수직선을 보고 뺄셈식을 세우고 빈칸에 들어갈 수를 쓰세요

예시

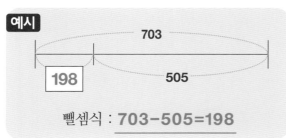

703
198   505

뺄셈식 : 703-505=198

①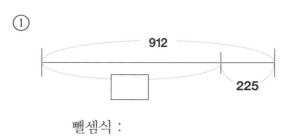

912
225

뺄셈식 : _____

②

425
298

뺄셈식 : _____

③

343
189

뺄셈식 : _____

④

843
666

뺄셈식 : _____

⑤

563
394

뺄셈식 : _____

⑥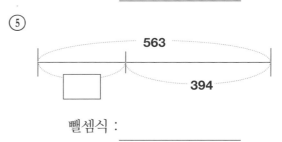

902
308

뺄셈식 : _____

⑦

633
174

뺄셈식 : _____

⑧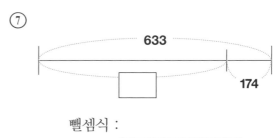

762
469

뺄셈식 : _____

⑨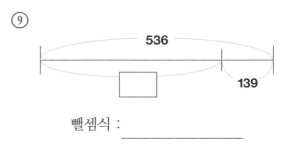

536
139

뺄셈식 : _____

수직선을 이용해 뺄셈하기

아래 수직선을 보고 뺄셈식을 세우고 빈칸에 들어갈 수를 쓰세요

①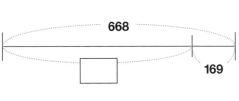

뺄셈식 : _____

②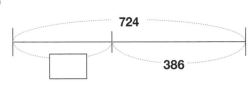

뺄셈식 : _____

③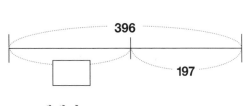

뺄셈식 : _____

④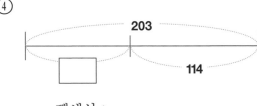

뺄셈식 : _____

⑤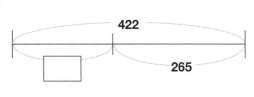

뺄셈식 : _____

⑥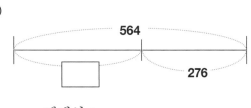

뺄셈식 : _____

⑦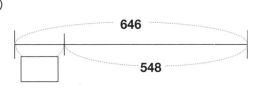

뺄셈식 : _____

⑧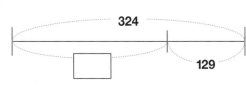

뺄셈식 : _____

⑨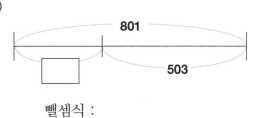

뺄셈식 : _____

⑩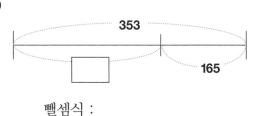

뺄셈식 : _____

세 자리 수 만들어 뺄셈하기

백의 자리부터 비교해서 가장 큰 수와 가장 작은 수를 구한 후 계산해야 해. 계산하고 난 후 검산하는 거 잊지 마! 검산하는 연습을 통해서 계산 실력을 키울 수 있어.

💬 다음 수 중에서 가장 큰 수와 가장 작은 수를 고르고 두 수의 차를 계산하세요.

예시

813, 255, 432, 437

가장 큰 수 : 813
가장 작은 수 : 255

```
    8  1  3
 -  2  5  5
    5  5  8
```

두 수의 차 : 558

① 444, 146, 525, 260

가장 큰 수 :
가장 작은 수 :

두 수의 차 :

② 843, 368, 799, 266

가장 큰 수 :
가장 작은 수 :

두 수의 차 :

③ 758, 678, 569, 963

가장 큰 수 :
가장 작은 수 :

두 수의 차 :

④ 912, 374, 377, 911

가장 큰 수 :
가장 작은 수 :

두 수의 차 :

⑤ 426, 188, 187, 237

가장 큰 수 :
가장 작은 수 :

두 수의 차 :

⑥ 318, 556, 816, 322

가장 큰 수 :
가장 작은 수 :

두 수의 차 :

⑦ 279, 437, 291, 322

가장 큰 수 :
가장 작은 수 :

두 수의 차 :

⑧ 707, 138, 258, 447

가장 큰 수 :
가장 작은 수 :

두 수의 차 :

세 자리 수 만들어 뺄셈하기

💬 다음 수 중에서 가장 큰 수와 가장 작은 수를 고르고 두 수의 차를 계산하세요.

① **628, 283, 698, 881**

가장 큰 수 : ⬚
가장 작은 수 : ⬚

－

두 수의 차 : ⬚

② **930, 453, 565, 814**

가장 큰 수 : ⬚
가장 작은 수 : ⬚

－

두 수의 차 : ⬚

③ **663, 136, 825, 186**

가장 큰 수 : ⬚
가장 작은 수 : ⬚

－

두 수의 차 : ⬚

④ **494, 821, 721, 235**

가장 큰 수 : ⬚
가장 작은 수 : ⬚

－

두 수의 차 : ⬚

⑤ **504, 496, 893, 688**

가장 큰 수 : ⬚
가장 작은 수 : ⬚

－

두 수의 차 : ⬚

⑥ **423, 165, 782 952**

가장 큰 수 : ⬚
가장 작은 수 : ⬚

－

두 수의 차 : ⬚

⑦ **653, 347, 396, 295**

가장 큰 수 : ⬚
가장 작은 수 : ⬚

－

두 수의 차 : ⬚

⑧ **551, 743, 642, 396**

가장 큰 수 : ⬚
가장 작은 수 : ⬚

－

두 수의 차 : ⬚

⑨ **300, 634, 257, 921**

가장 큰 수 : ⬚
가장 작은 수 : ⬚

－

두 수의 차 : ⬚

이야기로 풀어요

아빠가 운영하는 너튜브 채널 구독자 수는 **610**명이고,
엄마가 운영하는 너튜브 채널 구독자 수는 **500**명입니다.
석이는 자기 너튜브 채널 구독자 수 **475**명과, 엄마와 아빠의
구독자 수가 얼마나 차이가 나는지 알아 보기 위해 뺄셈을 하려고 합니다.
석이가 올바르게 뺄셈을 할 수 있게 여러분이 도와주세요!

아빠 : 610명
석이 : 475명

엄마 : 500명
석이 : 475명

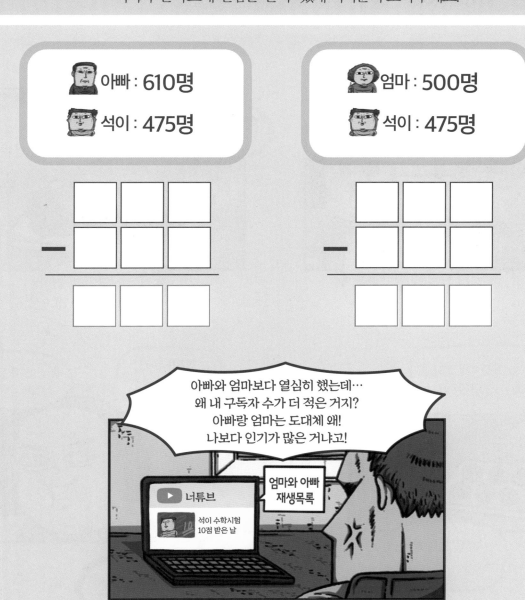

05. 내가 먹은 쿠키의 정체

애봉이와 쿠키 만들기 수업을 듣게 되었다.

휴, 이제 구워지길 기다리면 끝인가?

많이 만들었더니 뿌듯하다! 얼른 먹고 싶어!

근데 까맣게 타 버림.

이게 뭐야!

멀쩡한 게 몇 개 없잖아.

음… 일단 탄 건 골라내고 검사 받자.

음, 이 팀은 색깔이 참 예쁘게 나왔네요!

하핫… 네(뜨끔).

이제 그릇에 담아도 좋아요!

잠깐! 쿠키 공평하게 나눌 거지!?

흠… 8개뿐이니 그래야겠지?

큰일 날 뻔했다!

말 안 했으면 애봉이 혼자 다 먹었을지도!

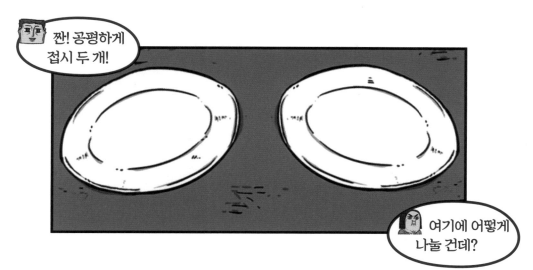

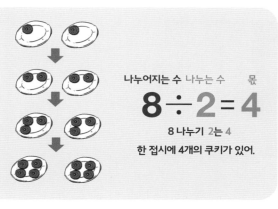

나누어지는 수 나누는 수   몫

$$8 \div 2 = 4$$

8 나누기 2는 4

한 접시에 4개의 쿠키가 있어.

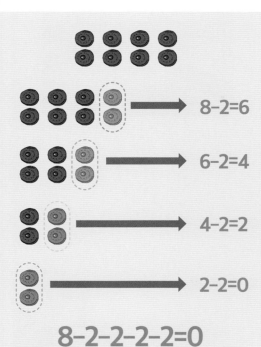

8−2=6

6−2=4

4−2=2

2−2=0

8−2−2−2−2=0

그러고 보니 선생님께서 주신 봉투도 있었지!

이렇게 두 개씩 포장하면…

총 4묶음이 나오는구나!

맞아, 맞아!

자, 그럼 이제 다 먹어 보실까?

대체 포장은 왜 한 거야, 그럼!

그리고 쿠키는

석아, 넌 어때? 먼저 먹어 봐~

우두둑

철근같이 딱딱했다.

결국 치과로…

무슨 쇠 같은 거라도 씹으셨어요?

같이 먹었는데 왜 나만!?

으아아아아아아아아

아아아아아아아아아

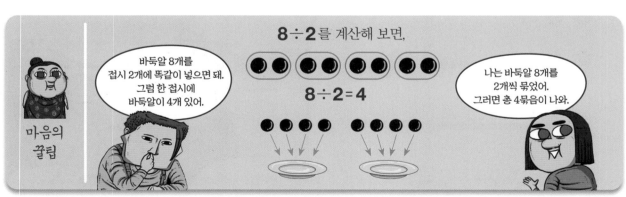

마음의 끌팁

8÷2를 계산해 보면,

바둑알 8개를 접시 2개에 똑같이 넣으면 돼. 그럼 한 접시에 바둑알이 4개 있어.

8÷2=4

나는 바둑알 8개를 2개씩 묶었어. 그러면 총 4묶음이 나와.

그림을 이용해서 똑같이 나누기

똑같이 나누어야 하는 게 나눗셈의 중요한 개념이야. 과일 4개를 2명이 똑같이 나누어 먹으려면 어떻게 해야 할까? 과일 4개를 그리고 풀면 쉽게 이해할 수 있어!

 주어진 접시에 과일을 똑같이 얼마씩 담을 수 있는지 ○를 그려서 풀어 보세요.

예시

한 접시에 담긴 과일 수 : **2개**

①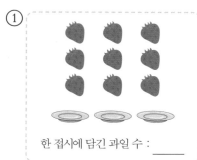

한 접시에 담긴 과일 수 : _____

②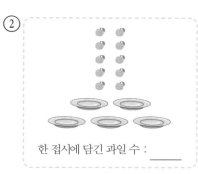

한 접시에 담긴 과일 수 : _____

③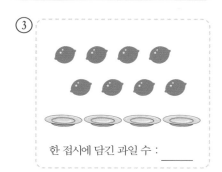

한 접시에 담긴 과일 수 : _____

④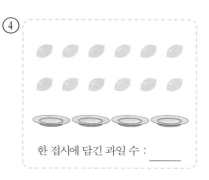

한 접시에 담긴 과일 수 : _____

⑤

한 접시에 담긴 과일 수 : _____

⑥

한 접시에 담긴 과일 수 : _____

⑦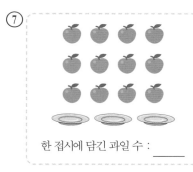

한 접시에 담긴 과일 수 : _____

⑧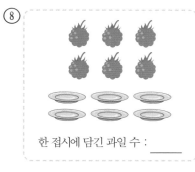

한 접시에 담긴 과일 수 : _____

⑨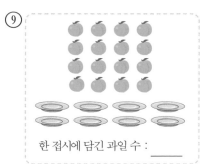

한 접시에 담긴 과일 수 : _____

⑩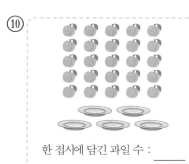

한 접시에 담긴 과일 수 : _____

⑪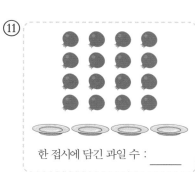

한 접시에 담긴 과일 수 : _____

그림을 이용해서
똑같이 나누기

주어진 접시에 과일을 똑같이 얼마씩 담을 수 있는지 ◯를 그려서 풀어 보세요.

①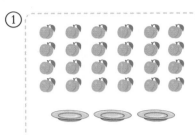

한 접시에 담긴 과일 수 : _____

②

한 접시에 담긴 과일 수 : _____

③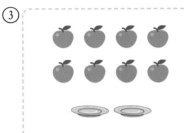

한 접시에 담긴 과일 수 : _____

④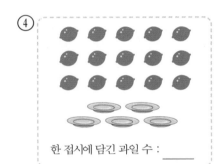

한 접시에 담긴 과일 수 : _____

⑤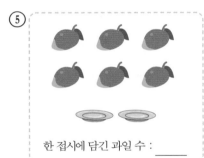

한 접시에 담긴 과일 수 : _____

⑥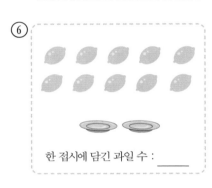

한 접시에 담긴 과일 수 : _____

⑦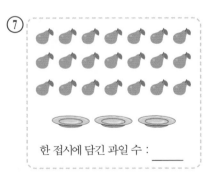

한 접시에 담긴 과일 수 : _____

⑧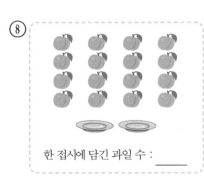

한 접시에 담긴 과일 수 : _____

⑨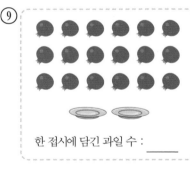

한 접시에 담긴 과일 수 : _____

⑩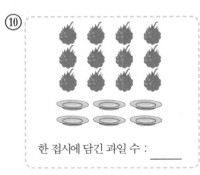

한 접시에 담긴 과일 수 : _____

⑪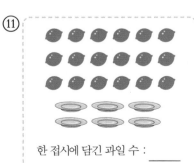

한 접시에 담긴 과일 수 : _____

⑫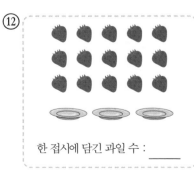

한 접시에 담긴 과일 수 : _____

그림을 보고 나눗셈식 쓰기

나눗셈식 12÷3=4에서 12는 나누어지는 수,
3은 나누는 수, 4는 몫이야. 나눗셈을 이해하려면
나누어지는 수, 나누는 수, 몫을 꼭 이해해야 해.

 그림을 보고 빈칸에 들어갈 수를 쓰세요.

예시

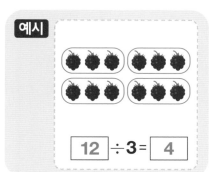

$12 \div 3 = 4$

①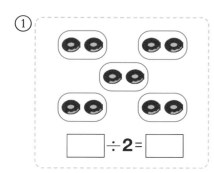

$\boxed{} \div 2 = \boxed{}$

②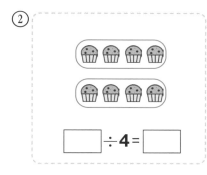

$\boxed{} \div 4 = \boxed{}$

③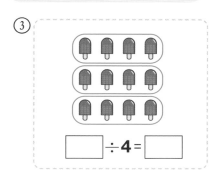

$\boxed{} \div 4 = \boxed{}$

④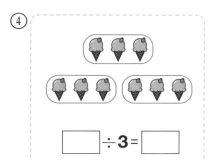

$\boxed{} \div 3 = \boxed{}$

⑤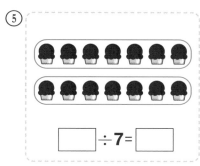

$\boxed{} \div 7 = \boxed{}$

⑥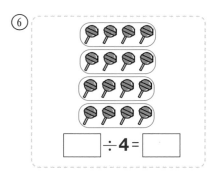

$\boxed{} \div 4 = \boxed{}$

⑦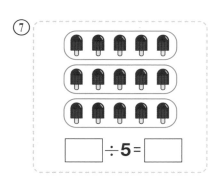

$\boxed{} \div 5 = \boxed{}$

⑧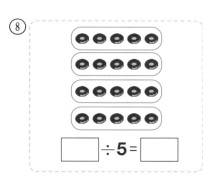

$\boxed{} \div 5 = \boxed{}$

⑨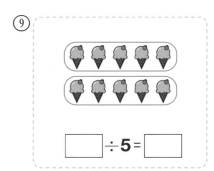

$\boxed{} \div 5 = \boxed{}$

⑩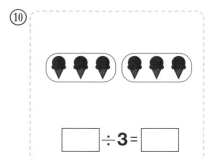

$\boxed{} \div 3 = \boxed{}$

⑪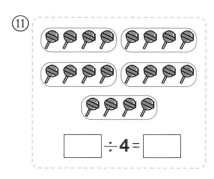

$\boxed{} \div 4 = \boxed{}$

그림을 보고 나눗셈식 쓰기

🗨 그림을 보고 빈칸에 들어갈 수를 쓰세요.

① $\square \div 2 = \square$

②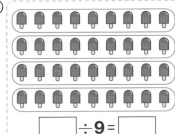

$\square \div 3 = \square$

③

$\square \div 6 = \square$

④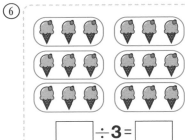

$\square \div 9 = \square$

⑤ $\square \div 2 = \square$

⑥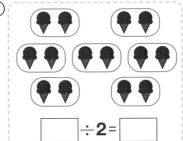

$\square \div 3 = \square$

⑦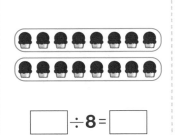

$\square \div 2 = \square$

⑧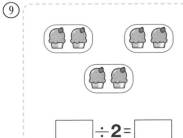

$\square \div 8 = \square$

⑨ $\square \div 2 = \square$

⑩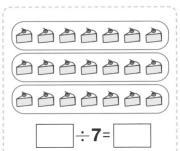

$\square \div 7 = \square$

⑪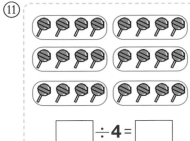

$\square \div 4 = \square$

⑫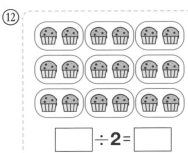

$\square \div 2 = \square$

같은 수를 몇 번 뺐는지를 이용해서 나눗셈을 계산할 수
있어. 예를 들어서 빵 12개를 한 사람당 3개씩 주면
4명에게 줄 수 있어. 3씩 총 4번 뺄 수 있다는 뜻이지.

빈칸에 알맞은 수를 구하고 나눗셈식을 완성하세요.

30에서 0까지
한 번 뛸 때 6칸씩 뛰면
몇 번 뛰어야 할까?

뺄셈식을 나눗셈식으로
바꾸면 30÷6=5야.
30을 6씩 5번 빼면 0이 나왔지?

```
0      6      12      18      24      30
  [6]    [6]     [6]     [6]     [6]
```

$$30-\boxed{6}-\boxed{6}-\boxed{6}-\boxed{6}-\boxed{6}=0$$

$$30\div6=5$$

예시

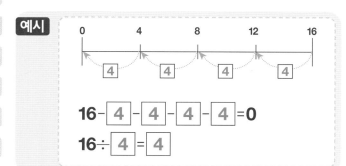

①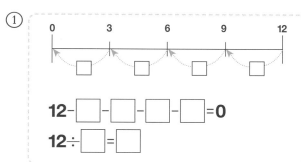

②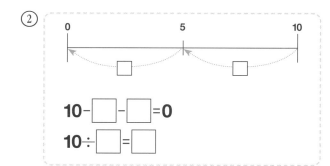

③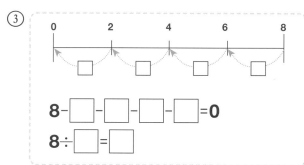

④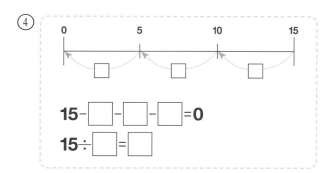

⑤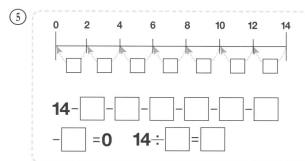

빈칸에 알맞은 수를 구하고 나눗셈식을 완성하세요.

①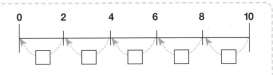

0 5 10 15 20

20-□-□-□-□=0

20÷□=□

②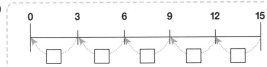

0 3 6 9 12 15

15-□-□-□-□-□=0

15÷□=□

③

0 2 4 6 8 10

10-□-□-□-□-□=0

10÷□=□

④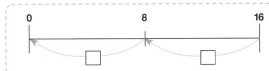

0 8 16

16-□-□=0

16÷□=□

⑤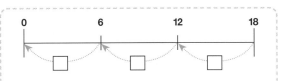

0 6 12 18

18-□-□-□=0

18÷□=□

⑥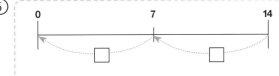

0 7 14

14-□-□=0

14÷□=□

⑦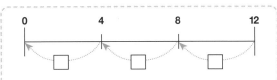

0 4 8 12

12-□-□-□=0

12÷□=□

⑧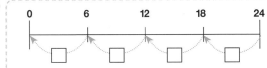

0 6 12 18 24

24-□-□-□-□=0

24÷□=□

그림을 이용해서 나눗셈식 계산하기

나눗셈식을 계산할 때 계산이 어려우면 그림을 꼭 그려 봐. 나누어지는 수가 12고 나누는 수가 4라면 동그라미 12개를 4개씩 묶으면 돼.

💬 그림을 보고 빈칸에 들어갈 수를 쓰세요.

예시

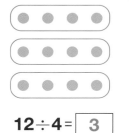

12÷4 = 3

①

10÷5 = ☐

②

12÷3 = ☐

③

8÷2 = ☐

④

21÷7 = ☐

⑤

8÷4 = ☐

⑥

28÷4 = ☐

⑦

15÷5 = ☐

⑧

20÷5 = ☐

⑨

16÷4 = ☐

⑩

18÷6 = ☐

⑪

18÷3 = ☐

그림을 이용해서
나눗셈식 계산하기

💬 그림을 보고 빈칸에 들어갈 수를 쓰세요.

①

20÷4=☐

②

14÷2=☐

③

9÷3=☐

④

25÷5=☐

⑤

21÷3=☐

⑥

4÷2=☐

⑦

45÷9=☐

⑧

15÷3=☐

⑨

28÷7=☐

⑩

24÷4=☐

⑪

24÷8=☐

⑫

36÷9=☐

5 DAY
A

수직선을 이용해서
나눗셈식 계산하기

나눗셈 문제를 풀 때 다양한 방법으로 해결하는 연습을
해야 해. 한 가지 방법으로만 풀면 수학적 사고력이
향상되지 않아! 다양한 방법으로 문제를 풀어 보자!

나눗셈을 나타낸 수직선을 보고 빈칸에 알맞은 수를 쓰세요.

예시

10에는 2가 모두
5번 들어갈 수 있어.
여기서 5가 10÷2의
몫이야.

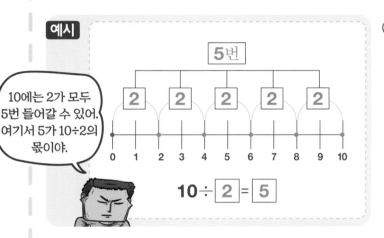

10÷ **2** = **5**

①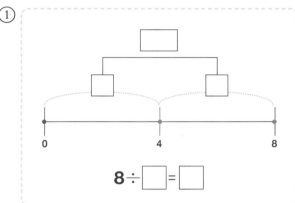

8÷ ☐ = ☐

②
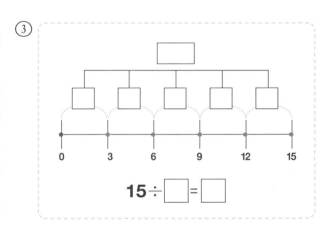

12÷ ☐ = ☐

③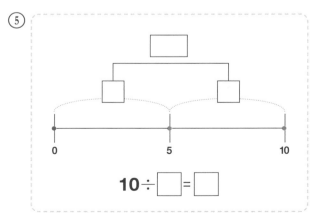

15÷ ☐ = ☐

④

16÷ ☐ = ☐

⑤

10÷ ☐ = ☐

수직선을 이용해서
나눗셈식 계산하기

나눗셈을 나타낸 수직선을 보고 빈칸에 알맞은 수를 쓰세요.

①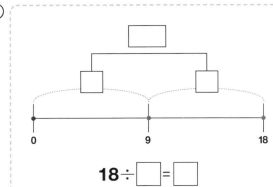

$18 \div \boxed{} = \boxed{}$

②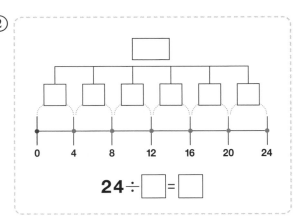

$24 \div \boxed{} = \boxed{}$

③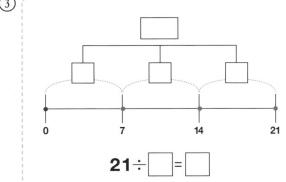

$21 \div \boxed{} = \boxed{}$

④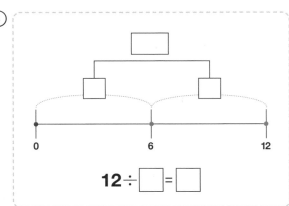

$12 \div \boxed{} = \boxed{}$

⑤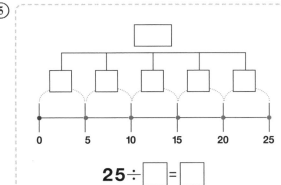

$25 \div \boxed{} = \boxed{}$

⑥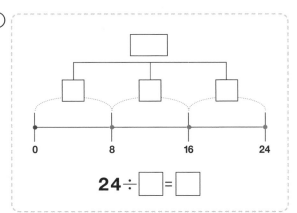

$24 \div \boxed{} = \boxed{}$

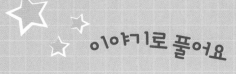
석이가 빵 **8**개를 빵집에서 사 왔습니다.
혼자 먹는 것보다 나눠 먹는 게 좋을 것 같아서
빵을 나눠 먹기로 마음 먹었습니다.
아래 문제를 잘 보고 계산하세요.

$8 \div 4 =$ ☐

$8 \div 2 =$ ☐

엄마랑 아빠는 배가 불러서
안 먹을 거니까
너랑 형이 똑같이 나눠 먹으렴.

아하! 나누어지는
수가 일정할 때 나누는
수가 작을수록 몫의
크기는 커지는구나!

06. 붉은 음식 3종 세트

시작은 뉴스 때문이었다.

사과가… 모두 12개인데 3개씩 4줄이 놓여 있으니까…

또, 4개씩 3줄이야.

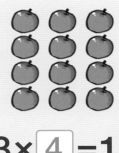

$$3 \times \boxed{4} = 12$$
$$4 \times \boxed{3} = 12$$

그럼 당신이랑 석이, 준이 이렇게 셋이 먹으면

12개의 사과를 3으로 나누는 거니까…

한 사람당 4개씩 먹으면 되겠네!

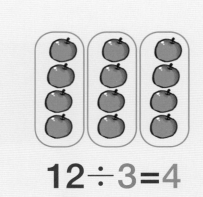

$$12 \div 3 = 4$$

무슨 소리야, 당신도 먹어야지.

12개를 4명이서 똑같이 나눌 거니까 한 사람당 3개씩 먹어야 해.

빠지려 했는데 실패다!

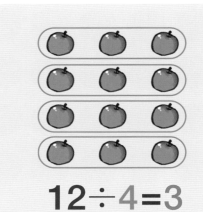

$$12 \div 4 = 3$$

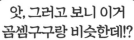

$$3 \times 4 = 12$$
$$4 \times 3 = 12$$
$$12 \div 3 = 4$$
$$12 \div 4 = 3$$

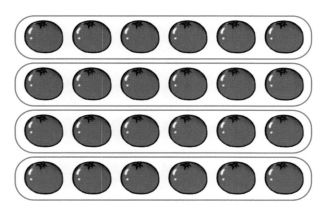

$$6 \times 4 = 24$$
$$24 \div 6 = \boxed{4}$$

그렇게 찾아 온

붉은 음식 3종 세트

엄마, 일단 제 말을 좀…

형, 죽지 마!

으아아악!

마음의 꿀팁

나눗셈과 곱셈은 서로 연결되어 있어! 곱셈구구를 할 줄 알면 나눗셈을 금방 할 수 있지! 24÷6을 계산할 때는 6단을 생각하고 6에 얼마를 곱하면 24가 나올까를 생각하면 돼.

$$6 \times 4 = 24$$

$$24 \div 6 = \boxed{4}$$

덧셈과 뺄셈이 서로 관계가 있듯이 곱셈과 나눗셈도 서로 관계가 있어. 곱셈식을 이용해서 나눗셈식을 구할 수 있고 나눗셈식을 이용해서 곱셈식을 구할 수 있다는 거 잊지 마!

💬 그림의 수를 곱셈식으로 나타내어 보고 나눗셈식을 계산해 보세요.

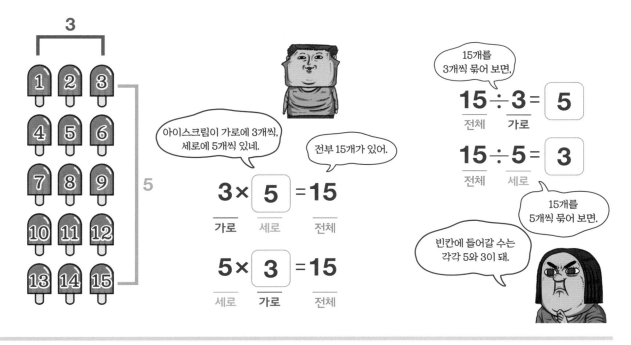

①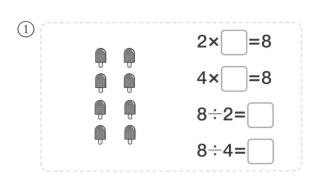

$2 \times \boxed{} = 8$

$4 \times \boxed{} = 8$

$8 \div 2 = \boxed{}$

$8 \div 4 = \boxed{}$

②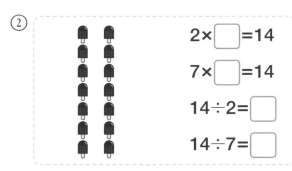

$2 \times \boxed{} = 14$

$7 \times \boxed{} = 14$

$14 \div 2 = \boxed{}$

$14 \div 7 = \boxed{}$

③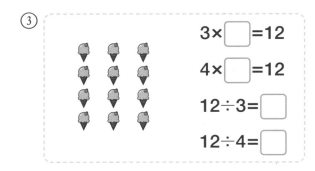

$3 \times \boxed{} = 12$

$4 \times \boxed{} = 12$

$12 \div 3 = \boxed{}$

$12 \div 4 = \boxed{}$

④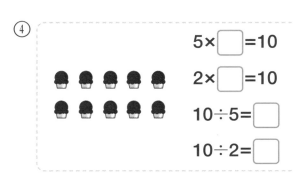

$5 \times \boxed{} = 10$

$2 \times \boxed{} = 10$

$10 \div 5 = \boxed{}$

$10 \div 2 = \boxed{}$

곱셈과 나눗셈 관계를 이용해
나눗셈식 계산하기(1)

💬 그림의 수를 곱셈식으로 나타내어 보고 나눗셈식을 계산해 보세요.

①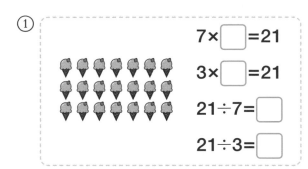

$7 \times \boxed{} = 21$

$3 \times \boxed{} = 21$

$21 \div 7 = \boxed{}$

$21 \div 3 = \boxed{}$

②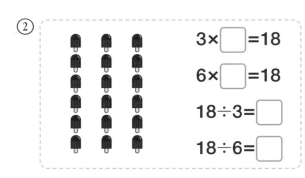

$3 \times \boxed{} = 18$

$6 \times \boxed{} = 18$

$18 \div 3 = \boxed{}$

$18 \div 6 = \boxed{}$

③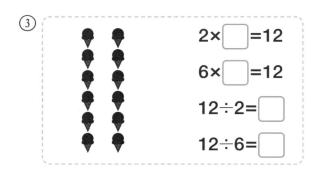

$2 \times \boxed{} = 12$

$6 \times \boxed{} = 12$

$12 \div 2 = \boxed{}$

$12 \div 6 = \boxed{}$

④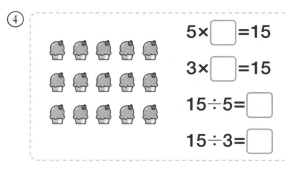

$5 \times \boxed{} = 15$

$3 \times \boxed{} = 15$

$15 \div 5 = \boxed{}$

$15 \div 3 = \boxed{}$

⑤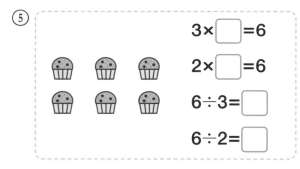

$3 \times \boxed{} = 6$

$2 \times \boxed{} = 6$

$6 \div 3 = \boxed{}$

$6 \div 2 = \boxed{}$

⑥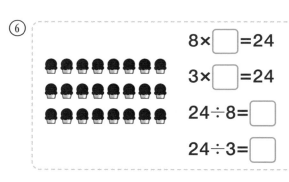

$8 \times \boxed{} = 24$

$3 \times \boxed{} = 24$

$24 \div 8 = \boxed{}$

$24 \div 3 = \boxed{}$

⑦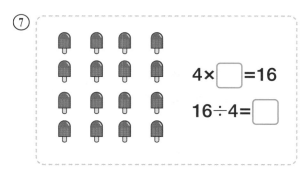

$4 \times \boxed{} = 16$

$16 \div 4 = \boxed{}$

⑧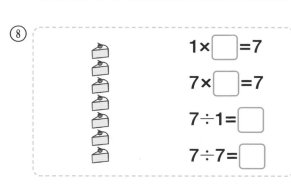

$1 \times \boxed{} = 7$

$7 \times \boxed{} = 7$

$7 \div 1 = \boxed{}$

$7 \div 7 = \boxed{}$

2 DAY

A

곱셈과 나눗셈 관계를 이용해 나눗셈식 계산하기(2)

덧셈과 곱셈은 자리를 바꿔서 계산해도 답이 같아. 예를 들어서 4×3=12, 3×4=12이기 때문에 곱셈은 두 가지 식이 나올 수 있다는 걸 잊지 말고 문제 풀 때 이용하자.

💬 그림을 보고 곱셈식과 나눗셈식의 빈칸에 들어갈 수를 쓰세요.

예시

$$\boxed{4} \times \boxed{3} = 12$$
$$\boxed{3} \times \boxed{4} = 12$$
$$12 \div \boxed{4} = \boxed{3}$$
$$12 \div \boxed{3} = \boxed{4}$$

①
$$\boxed{} \times \boxed{} = 15$$
$$\boxed{} \times \boxed{} = 15$$
$$15 \div \boxed{} = \boxed{}$$
$$15 \div \boxed{} = \boxed{}$$

②
$$\boxed{} \times \boxed{} = 32$$
$$\boxed{} \times \boxed{} = 32$$
$$32 \div \boxed{} = \boxed{}$$
$$32 \div \boxed{} = \boxed{}$$

③
$$\boxed{} \times \boxed{} = 40$$
$$\boxed{} \times \boxed{} = 40$$
$$40 \div \boxed{} = \boxed{}$$
$$40 \div \boxed{} = \boxed{}$$

④
$$\boxed{} \times \boxed{} = 10$$
$$\boxed{} \times \boxed{} = 10$$
$$10 \div \boxed{} = \boxed{}$$
$$10 \div \boxed{} = \boxed{}$$

⑤
$$\boxed{} \times \boxed{} = 18$$
$$\boxed{} \times \boxed{} = 18$$
$$18 \div \boxed{} = \boxed{}$$
$$18 \div \boxed{} = \boxed{}$$

⑥
$$\boxed{} \times \boxed{} = 25$$
$$25 \div \boxed{} = \boxed{}$$

⑦
$$\boxed{} \times \boxed{} = 35$$
$$\boxed{} \times \boxed{} = 35$$
$$35 \div \boxed{} = \boxed{}$$
$$35 \div \boxed{} = \boxed{}$$

그림을 보고 곱셈식과 나눗셈식의 빈칸에 들어갈 수를 쓰세요.

①
$$\boxed{} \times \boxed{} = 14$$
$$\boxed{} \times \boxed{} = 14$$
$$14 \div \boxed{} = \boxed{}$$
$$14 \div \boxed{} = \boxed{}$$

②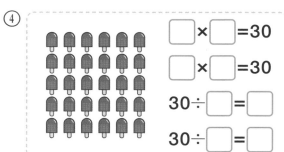
$$\boxed{} \times \boxed{} = 12$$
$$\boxed{} \times \boxed{} = 12$$
$$12 \div \boxed{} = \boxed{}$$
$$12 \div \boxed{} = \boxed{}$$

③
$$\boxed{} \times \boxed{} = 24$$
$$\boxed{} \times \boxed{} = 24$$
$$24 \div \boxed{} = \boxed{}$$
$$24 \div \boxed{} = \boxed{}$$

④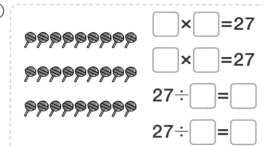
$$\boxed{} \times \boxed{} = 30$$
$$\boxed{} \times \boxed{} = 30$$
$$30 \div \boxed{} = \boxed{}$$
$$30 \div \boxed{} = \boxed{}$$

⑤
$$\boxed{} \times \boxed{} = 36$$
$$\boxed{} \times \boxed{} = 36$$
$$36 \div \boxed{} = \boxed{}$$
$$36 \div \boxed{} = \boxed{}$$

⑥
$$\boxed{} \times \boxed{} = 27$$
$$\boxed{} \times \boxed{} = 27$$
$$27 \div \boxed{} = \boxed{}$$
$$27 \div \boxed{} = \boxed{}$$

⑦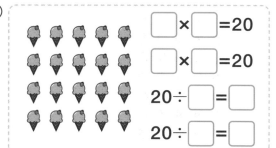
$$\boxed{} \times \boxed{} = 20$$
$$\boxed{} \times \boxed{} = 20$$
$$20 \div \boxed{} = \boxed{}$$
$$20 \div \boxed{} = \boxed{}$$

⑧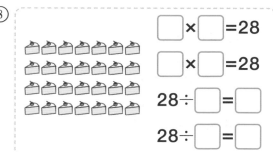
$$\boxed{} \times \boxed{} = 28$$
$$\boxed{} \times \boxed{} = 28$$
$$28 \div \boxed{} = \boxed{}$$
$$28 \div \boxed{} = \boxed{}$$

나눗셈식을 알면 곱셈식을 구할 수 있지? 나눗셈식의
몫을 구할 때 이용한 곱셈식을 떠올리면 문제를 쉽게
해결할 수 있어.

🗨 나눗셈의 몫을 구하고, 나눗셈식을 곱셈식으로 나타내어 보세요.

예시

$24 \div 6 = \boxed{4}$

➡ $\boxed{6} \times \boxed{4} = 24$,
$\boxed{4} \times \boxed{6} = 24$

① $12 \div 4 = \boxed{}$

➡ $\boxed{} \times \boxed{} = 12$,
$\boxed{} \times \boxed{} = 12$

② $42 \div 7 = \boxed{}$

➡ $\boxed{} \times \boxed{} = 42$,
$\boxed{} \times \boxed{} = 42$

③ $30 \div 5 = \boxed{}$

➡ $\boxed{} \times \boxed{} = 30$,
$\boxed{} \times \boxed{} = 30$

④ $49 \div 7 = \boxed{}$

➡ $\boxed{} \times \boxed{} = 49$

⑤ $48 \div 8 = \boxed{}$

➡ $\boxed{} \times \boxed{} = 48$,
$\boxed{} \times \boxed{} = 48$

⑥ $20 \div 4 = \boxed{}$

➡ $\boxed{} \times \boxed{} = 20$,
$\boxed{} \times \boxed{} = 20$

⑦ $25 \div 5 = \boxed{}$

➡ $\boxed{} \times \boxed{} = 25$

⑧ $15 \div 3 = \boxed{}$

➡ $\boxed{} \times \boxed{} = 15$,
$\boxed{} \times \boxed{} = 15$

⑨ $72 \div 9 = \boxed{}$

➡ $\boxed{} \times \boxed{} = 72$,
$\boxed{} \times \boxed{} = 72$

⑩ $56 \div 7 = \boxed{}$

➡ $\boxed{} \times \boxed{} = 56$,
$\boxed{} \times \boxed{} = 56$

⑪ $40 \div 8 = \boxed{}$

➡ $\boxed{} \times \boxed{} = 40$,
$\boxed{} \times \boxed{} = 40$

나눗셈의 몫을 구하고, 나눗셈식을 곱셈식으로 나타내어 보세요.

① 45÷9=▢

➡ ▢×▢=45,

▢×▢=45

② 18÷3=▢

➡ ▢×▢=18,

▢×▢=18

③ 24÷8=▢

➡ ▢×▢=24,

▢×▢=24

④ 24÷3=▢

➡ ▢×▢=24,

▢×▢=24

⑤ 36÷6=▢

➡ ▢×▢=36

⑥ 21÷7=▢

➡ ▢×▢=21,

▢×▢=21

⑦ 32÷8=▢

➡ ▢×▢=32,

▢×▢=32

⑧ 45÷5=▢

➡ ▢×▢=45,

▢×▢=45

⑨ 28÷4=▢

➡ ▢×▢=28,

▢×▢=28

⑩ 16÷8=▢

➡ ▢×▢=16,

▢×▢=16

⑪ 12÷6=▢

➡ ▢×▢=12,

▢×▢=12

⑫ 27÷3=▢

➡ ▢×▢=27,

▢×▢=27

나눗셈의 몫 계산하기

12÷4를 구할 때 나누는 수가 4지? 그럼 4단을 떠올려 봐! 4에 얼마를 곱하면 나누어지는 수 12가 나올까? 맞아! 바로 3이야. 그래서 몫이 3이 돼.

 나눗셈의 몫을 구해 보세요

예시 12÷4=3

① 25÷5=

② 10÷2=

③ 36÷4=

④ 48÷6=

⑤ 21÷7=

⑥ 30÷5=

⑦ 12÷3=

⑧ 15÷5=

⑨ 27÷9=

⑩ 14÷2=

⑪ 9÷3=

⑫ 56÷8=

⑬ 40÷5=

⑭ 32÷4=

⑮ 16÷4=

⑯ 49÷7=

⑰ 42÷6=

⑱ 21÷3=

⑲ 81÷9=

⑳ 45÷9=

나눗셈의 몫 계산하기

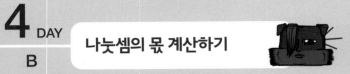

 나눗셈의 몫을 구해보세요.

① 15÷3= _____

② 36÷9= _____

③ 24÷4= _____

④ 18÷3= _____

⑤ 30÷6= _____

⑥ 35÷7= _____

⑦ 42÷7= _____

⑧ 36÷6= _____

⑨ 20÷4= _____

⑩ 27÷3= _____

⑪ 54÷9= _____

⑫ 35÷5= _____

⑬ 32÷8= _____

⑭ 63÷9= _____

⑮ 40÷8= _____

⑯ 10÷5= _____

⑰ 24÷6= _____

⑱ 63÷7= _____

⑲ 28÷4= _____

⑳ 48÷8= _____

㉑ 72÷8= _____

몫이 같은 값 찾기

내가 구한 몫이 맞는지 확인하려면 곱셈식을 이용하면 돼. 예를 들어서 40÷8=5를 구했으면 8에 5를 곱해서 40이 나오는지 확인하면 돼.

💬 몫이 같은 것끼리 선으로 이어 보세요.

①
40÷8 ·   · 9÷1
18÷2 ·   · 10÷2
21÷7 ·   · 12÷4

②
24÷3 ·   · 72÷9
10÷5 ·   · 12÷2
36÷6 ·   · 8÷4

③
36÷4 ·   · 16÷4
20÷5 ·   · 15÷3
35÷7 ·   · 27÷3

④
25÷5 ·   · 7÷1
42÷6 ·   · 6÷3
14÷7 ·   · 10÷2

⑤
54÷6 ·   · 18÷3
24÷4 ·   · 16÷2
40÷5 ·   · 18÷2

⑥
24÷6 ·   · 12÷4
10÷2 ·   · 36÷9
27÷9 ·   · 25÷5

⑦
20÷5 ·   · 14÷2
81÷9 ·   · 24÷6
49÷7 ·   · 27÷3

⑧
42÷7 ·   · 12÷2
24÷8 ·   · 18÷6
72÷9 ·   · 24÷3

몫이 같은 값 찾기

몫이 같은 것끼리 선으로 이어 보세요

①
20÷5 •   • 36÷9
36÷6 •   • 10÷5
16÷8 •   • 18÷3

②
16÷4 •   • 14÷2
28÷4 •   • 24÷4
30÷5 •   • 32÷8

③
32÷4 •   • 12÷3
15÷3 •   • 16÷2
24÷6 •   • 20÷4

④
21÷7 •   • 36÷9
20÷5 •   • 15÷5
18÷3 •   • 12÷2

⑤
18÷2 •   • 6÷1
14÷7 •   • 27÷3
24÷4 •   • 8÷4

⑥
56÷8 •   • 21÷3
30÷6 •   • 25÷5
24÷4 •   • 12÷2

⑦
36÷6 •   • 40÷5
35÷5 •   • 14÷2
32÷4 •   • 30÷5

⑧
48÷6 •   • 24÷3
27÷3 •   • 30÷5
42÷7 •   • 36÷4

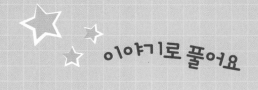

석이가 열심히 푼 나눗셈 문제를 형이 채점해 주고 있네요.
형을 도와 석이가 푼 문제를 채점하고
틀린 문제가 있으면 바르게 고쳐 주세요.

맞은 개수 :

1. $12 \div 4 = 3$ → _____

2. $20 \div 5 = 5$ → _____

3. $15 \div 3 = 6$ → _____

4. $14 \div 7 = 2$ → _____

5. $16 \div 4 = 8$ → _____

6. $24 \div 4 = 6$ → _____

나눗셈 계산이 바르게 됐는지
확인하는 방법 하나를 가르쳐 줄게!

$8 \div 4 = 2$

여기 이 두 수 4와 2를 곱한 값이
나눗셈식 맨 앞에 있는 값 8과
같으면 정답이야.

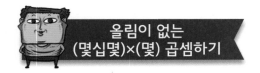
07. 석이는 애봉이의 왕팬

애봉이가 너튜브에 관심을 갖기 시작했다.

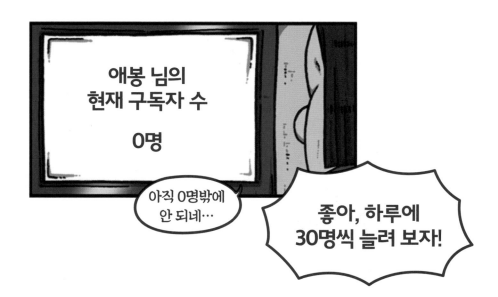

30 + 30 + 30 = 90

$$30 \times 3 = 90$$

30 곱하기 3은 90

1일 : 12
2일 : 12 + 12 = 24
3일 : 12 + 12 + 12 = 36

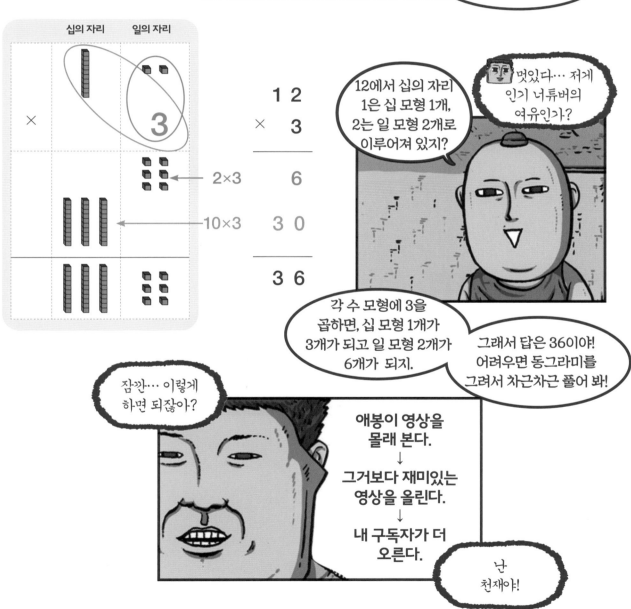

그렇게 시작된 애봉이 채널 관찰하기

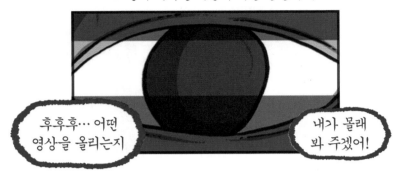

3일 뒤

이게 아닌데…

마음의
꿀팁

(몇십몇)×(몇)의 곱셈을 할 때는 일의 자리와 십의 자리에 (몇)을 한 번씩 곱해야 해.
그리고 곱셈 결과를 알맞은 위치에 적어야 한다는 거 잊지 마!

곱셈의 계산 원리 알기

곱셈은 같은 수를 더하는 개념이 있어.
예를 들어서 30×3은 30을 3번 더한 값이
얼마인지 구하라는 말이야.

💬 주어진 덧셈식과 곱셈식의 빈칸에 들어갈 수를 알맞게 쓰세요.

예시

$30+30+30=\boxed{90}$

➡ $30\times\boxed{3}=\boxed{90}$

① $40+40=\boxed{}$

➡ $40\times\boxed{}=\boxed{}$

② $20+20+20+20=\boxed{}$

➡ $20\times\boxed{}=\boxed{}$

③ $20+20=\boxed{}$

➡ $20\times\boxed{}=\boxed{}$

④ $10+10+10+10+10=\boxed{}$

➡ $10\times\boxed{}=\boxed{}$

⑤ $10+10+10+10=\boxed{}$

➡ $10\times\boxed{}=\boxed{}$

⑥ $10+10+10+10+10+10=\boxed{}$

➡ $10\times\boxed{}=\boxed{}$

⑦ $20+20+20=\boxed{}$

➡ $20\times\boxed{}=\boxed{}$

⑧ $10+10+10+10+10+10$
$+10+10=\boxed{}$

➡ $10\times\boxed{}=\boxed{}$

⑨ $30+30=\boxed{}$

➡ $30\times\boxed{}=\boxed{}$

⑩ $21+21+21=\boxed{}$

➡ $21\times\boxed{}=\boxed{}$

⑪ $24+24=\boxed{}$

➡ $24\times\boxed{}=\boxed{}$

주어진 덧셈식과 곱셈식의 빈칸에 들어갈 수를 알맞게 쓰세요.

예시

13+13+13= 39

➡ 13× 3 = 39

① 22+22= ☐

➡ 22× ☐ = ☐

② 12+12+12+12= ☐

➡ 12× ☐ = ☐

③ 32+32= ☐

➡ 32× ☐ = ☐

④ 11+11+11+11+11= ☐

➡ 11× ☐ = ☐

⑤ 33+33+33= ☐

➡ 33× ☐ = ☐

⑥ 32+32+32= ☐

➡ 32× ☐ = ☐

⑦ 13+13= ☐

➡ 13× ☐ = ☐

⑧ 41+41= ☐

➡ 41× ☐ = ☐

⑨ 22+22+22+22= ☐

➡ 22× ☐ = ☐

⑩ 42+42= ☐

➡ 42× ☐ = ☐

⑪ 12+12+12= ☐

➡ 12× ☐ = ☐

2 DAY

A

수직선을 이용해서 곱셈 계산하기

수직선에서 같은 수를 몇 번 더했는지 보고 빈칸을 채우면 돼. 빈칸을 채운 후 곱셈 계산 결과가 맞는지 확인하는 거 잊지 마!

💬 수직선을 보고 빈칸에 들어갈 수를 알맞게 쓰세요.

예시

12 × 3 = 36

①

10 × ☐ = ☐

②

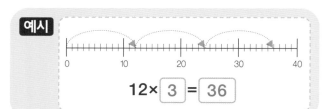

14 × ☐ = ☐

③

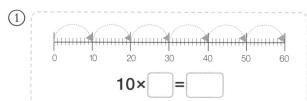

30 × ☐ = ☐

④

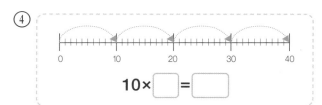

10 × ☐ = ☐

⑤

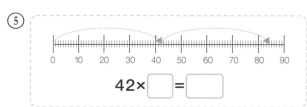

42 × ☐ = ☐

⑥

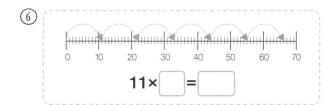

11 × ☐ = ☐

⑦

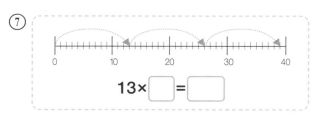

13 × ☐ = ☐

⑧

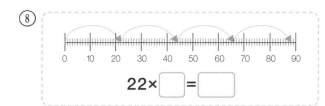

22 × ☐ = ☐

⑨

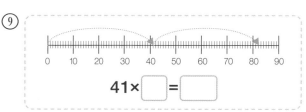

41 × ☐ = ☐

⑩

12 × ☐ = ☐

⑪

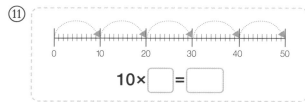

10 × ☐ = ☐

수직선을 이용해서
곱셈 계산하기

💬 수직선을 보고 빈칸에 들어갈 수를 알맞게 쓰세요.

①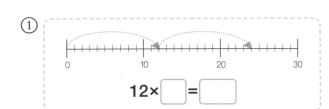

$12 \times \boxed{} = \boxed{}$

②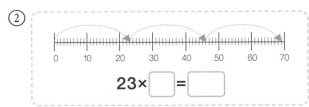

$23 \times \boxed{} = \boxed{}$

③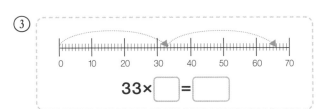

$33 \times \boxed{} = \boxed{}$

④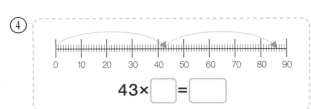

$43 \times \boxed{} = \boxed{}$

⑤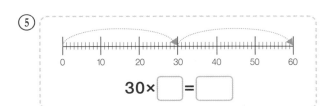

$30 \times \boxed{} = \boxed{}$

⑥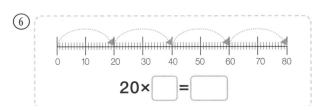

$20 \times \boxed{} = \boxed{}$

⑦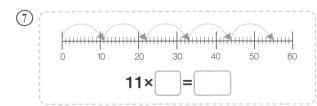

$11 \times \boxed{} = \boxed{}$

⑧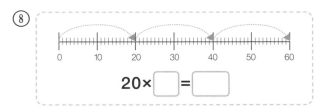

$20 \times \boxed{} = \boxed{}$

⑨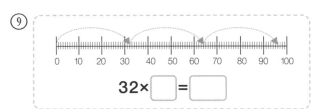

$32 \times \boxed{} = \boxed{}$

⑩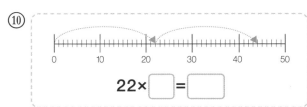

$22 \times \boxed{} = \boxed{}$

⑪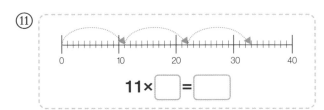

$11 \times \boxed{} = \boxed{}$

⑫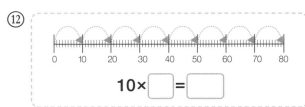

$10 \times \boxed{} = \boxed{}$

곱셈은 몇 가지 재미있는 성질을 갖고 있어!
예를 들어서 12×4를 10×4와 2×4로 나누어서
계산한 후 더해도 답은 똑같아.

💬 빈칸에 들어갈 수를 알맞게 써넣으세요.

예시

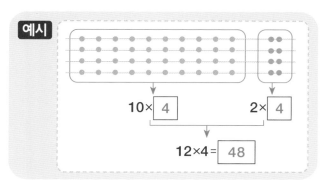

$10 \times \boxed{4}$ $2 \times \boxed{4}$

$12 \times 4 = \boxed{48}$

①

$20 \times \boxed{}$ $3 \times \boxed{}$

$23 \times 3 = \boxed{}$

②

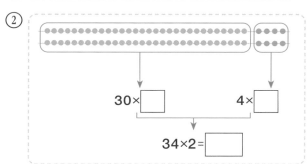

$30 \times \boxed{}$ $4 \times \boxed{}$

$34 \times 2 = \boxed{}$

③

$20 \times \boxed{}$ $4 \times \boxed{}$

$24 \times 2 = \boxed{}$

④

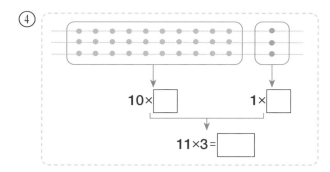

$10 \times \boxed{}$ $1 \times \boxed{}$

$11 \times 3 = \boxed{}$

⑤

$30 \times \boxed{}$ $1 \times \boxed{}$

$31 \times 3 = \boxed{}$

⑥

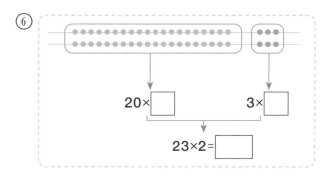

$20 \times \boxed{}$ $3 \times \boxed{}$

$23 \times 2 = \boxed{}$

⑦

$30 \times \boxed{}$ $2 \times \boxed{}$

$32 \times 3 = \boxed{}$

빈칸에 들어갈 수를 알맞게 써넣으세요.

①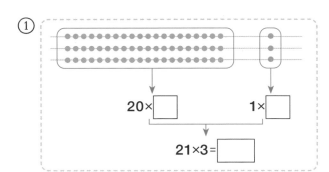

$20 \times \boxed{}$ $1 \times \boxed{}$

$21 \times 3 = \boxed{}$

②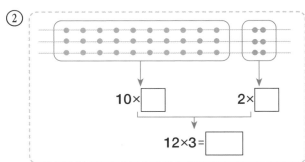

$10 \times \boxed{}$ $2 \times \boxed{}$

$12 \times 3 = \boxed{}$

③

$10 \times \boxed{}$ $4 \times \boxed{}$

$14 \times 2 = \boxed{}$

④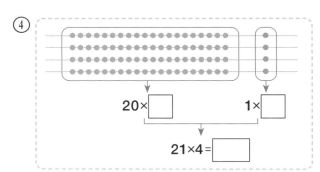

$20 \times \boxed{}$ $1 \times \boxed{}$

$21 \times 4 = \boxed{}$

⑤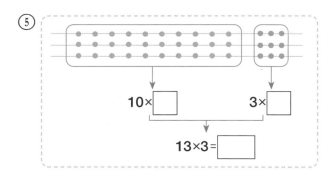

$10 \times \boxed{}$ $3 \times \boxed{}$

$13 \times 3 = \boxed{}$

⑥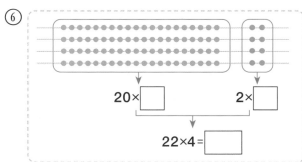

$20 \times \boxed{}$ $2 \times \boxed{}$

$22 \times 4 = \boxed{}$

⑦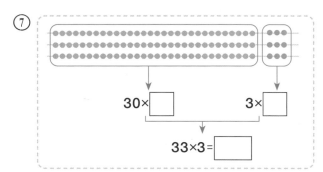

$30 \times \boxed{}$ $3 \times \boxed{}$

$33 \times 3 = \boxed{}$

⑧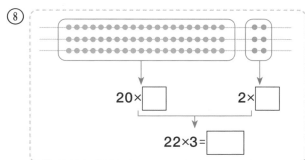

$20 \times \boxed{}$ $2 \times \boxed{}$

$22 \times 3 = \boxed{}$

4 DAY A 곱셈 계산 방법 알기

① 곱해지는 수의 일의 자릿수와 곱하는 수 곱하기
② 곱해지는 수의 십의 자릿수와 곱하는 수 곱하기
③ 모두 더하기

 빈칸에 알맞은 수를 쓰고 곱셈을 계산하세요.

예시

```
      2 2
  ×     2
  -------
        4
      4 0
  -------
      4 4
```

①
```
      2 0
  ×     4
```

②
```
      3 1
  ×     3
```

③
```
      1 0
  ×     6
```

④
```
      3 0
  ×     2
```

⑤
```
      4 1
  ×     2
```

⑥
```
      3 3
  ×     2
```

⑦
```
      1 1
  ×     5
```

⑧
```
      2 2
  ×     3
```

⑨
```
      1 0
  ×     9
```

⑩
```
      3 3
  ×     3
```

⑪
```
      3 2
  ×     2
```

⑫
```
      4 0
  ×     2
```

⑬
```
      2 0
  ×     2
```

⑭
```
      1 0
  ×     8
```

⑮
```
      1 1
  ×     7
```

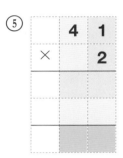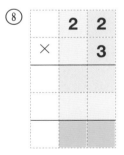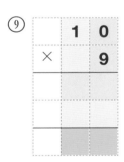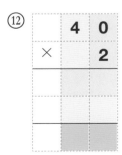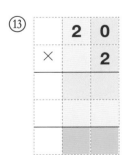

곱셈 계산 방법 알기

🗨 빈칸에 알맞은 수를 쓰고 곱셈을 계산하세요.

①
```
      2 2
  ×     4
```

②
```
      1 3
  ×     3
```

③
```
      1 4
  ×     2
```

④
```
      2 3
  ×     3
```

⑤
```
      4 2
  ×     2
```

⑥
```
      3 4
  ×     2
```

⑦
```
      2 4
  ×     2
```

⑧
```
      3 0
  ×     3
```

⑨
```
      1 3
  ×     2
```

⑩
```
      2 1
  ×     2
```

⑪
```
      3 2
  ×     3
```

⑫
```
      1 0
  ×     4
```

⑬
```
      3 1
  ×     2
```

⑭
```
      1 1
  ×     6
```

⑮
```
      1 0
  ×     5
```

⑯
```
      1 1
  ×     9
```

곱셈 계산하기

곱셈을 계산하고 나서 확인할 때는 같은 수를 더하는 개념을 활용해봐. 예를 들어 31×3은 31+31+31과 같으니까 곱셈과 덧셈의 계산값이 같아야 해.

💬 곱셈을 계산하세요.

 ① 31의 일의 자릿수 1에 3을 곱하여 일의 자리에 맞춰 씁니다.

 ② 31의 십의 자릿수인 3에 3을 곱하여 십의 자리에 맞춰 씁니다.

	3	①1
×		3
		3

	③3	1
×		3
	9	3

	3	1
×		3
	9	3

예시

	3	1
×		3
	9	3

①
	4	0
×		2

②
	1	3
×		3

③
	2	0
×		3

④
	4	2
×		2

⑤
	1	1
×		4

⑥
	1	2
×		2

⑦
	3	0
×		3

⑧
	4	1
×		2

⑨
	1	1
×		6

⑩
	2	0
×		4

⑪
	1	0
×		8

곱셈 계산하기

🗨 곱셈을 계산하세요.

①
```
    2 2
×     3
```

②
```
    1 4
×     2
```

③
```
    3 3
×     3
```

④
```
    1 0
×     7
```

⑤
```
    2 1
×     4
```

⑥
```
    1 3
×     2
```

⑦
```
    1 1
×     5
```

⑧
```
    1 1
×     8
```

⑨
```
    2 2
×     2
```

⑩
```
    3 2
×     2
```

⑪
```
    2 3
×     3
```

⑫
```
    3 0
×     2
```

⑬
```
    2 1
×     3
```

⑭
```
    3 3
×     2
```

⑮
```
    2 4
×     2
```

⑯
```
    3 1
×     2
```

⑰
```
    1 2
×     4
```

⑱
```
    4 3
×     2
```

⑲
```
    3 4
×     2
```

⑳
```
    2 2
×     4
```

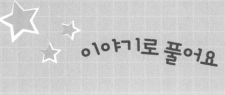

이야기로 풀어요

석이와 엄마, 형, 애봉이가 손에 풍선을 잡고 있다가 놓쳤어요.
석이, 엄마, 형, 애봉이가 손에 들고 있는 식을 계산한 값과
같은 값이 적힌 풍선을 선으로 이어 주세요.

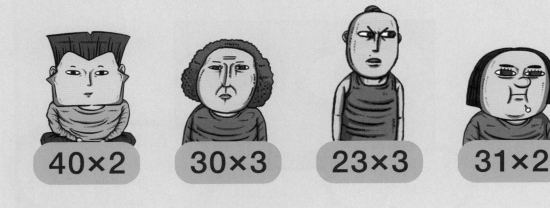

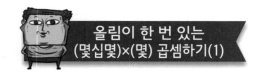
08. 좋은 말로 할 때 도와줘

오늘도 열심히 빵을 만드는 애봉이

휴, 반죽 겨우
다했다!

몇 분 뒤

어라…? 내가 빵을
몇 개나 만들었지…?

1판에 반죽 32개씩
올렸더니 전부
4판 나온 건 기억
나는데….

122

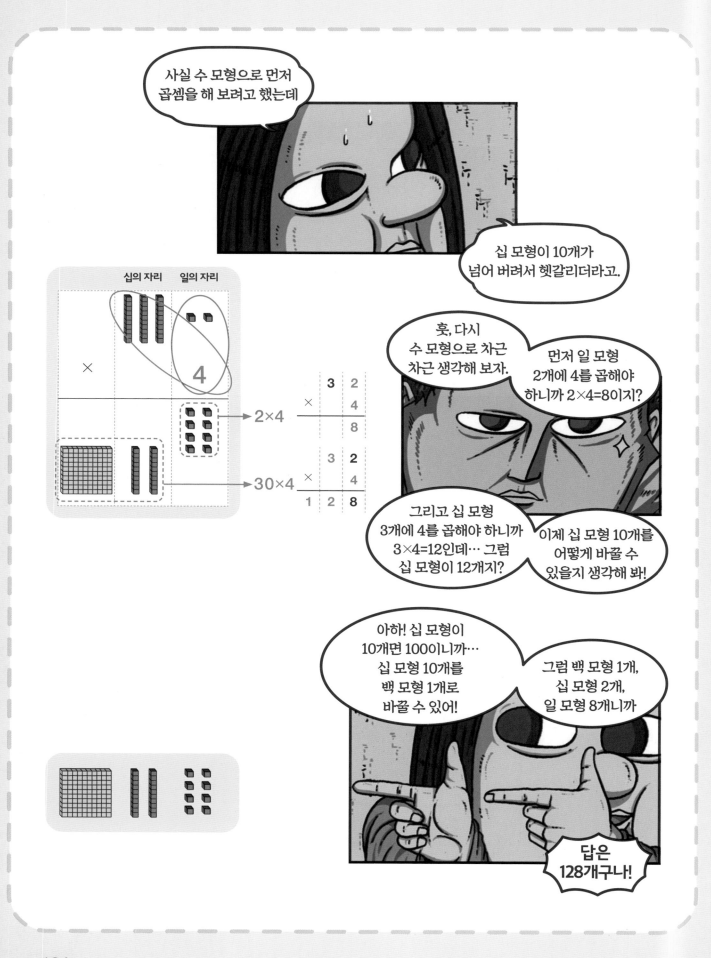

내 두뇌가 활동을 시작했다!

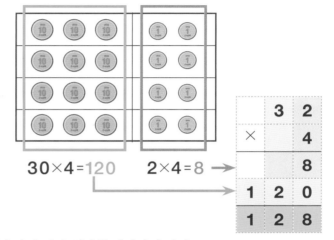

$30 \times 4 = 120$ $2 \times 4 = 8$

역시 동전을 이용하면 계산 원리를 이해하기 편해.

곱셈 개념을 친절히 설명해 준 석이에게

보답으로 완벽한 케이크를 선물하기로 했다.

용암에서도 버티는

완벽한 케이크

충격에도 끄떡 없는 완벽한 케이크

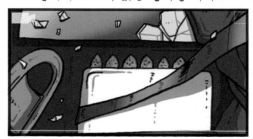

완벽해.

됐어.

끄덕

사람이 먹을 수 있는 걸 만들라고!

뭐가 됐어!

마음의
꿀팁

곱셈이 어려울 때는 수 모형과 동전을 생각해 봐!
수 모형과 동전을 머릿속에서 생각하고 문제를 풀면 곱셈의 원리를 이해할 수 있어.

1 DAY A
올림이 한 번 있는 곱셈 계산 방법 알기

곱셈을 계산할 때는 내가 구한 값이 어떤 수들의 곱인지 이해해야 해! 문제를 반복해서 푸는 것도 중요하지만 문제를 이해하고 개념을 적용해서 푸는 게 더 중요해.

💬 곱셈을 계산하고 빈칸에 들어갈 수를 알맞게 쓰세요.

예시

	6	2
×		4
		8	← 2×4
2	4	0	← 60×4
2	4	8

①

	5	3
×		3

← 3×3
← 50×3

②

	3	1
×		4

← 1×4
← 30×4

③

	7	1
×		6

← 1×6
← 70×6

④

	8	4
×		2

← 4×2
← 80×2

⑤

	6	2
×		3

← 2×3
← 60×3

⑥

	9	4
×		2

← 4×2
← 90×2

⑦

	4	1
×		7

← 1×7
← 40×7

⑧

	6	2
×		2

← 2×2
← 60×2

⑨

	6	1
×		6

← 1×6
← 60×6

⑩

	7	3
×		3

← 3×3
← 70×3

⑪

	8	2
×		3

← 2×3
← 80×3

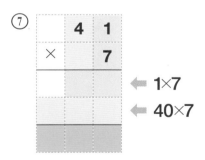
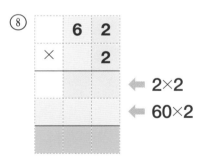
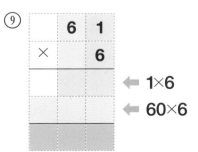
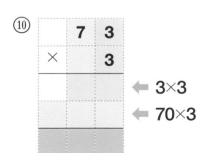
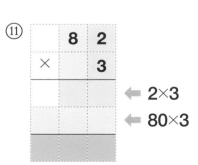

곱셈을 계산하고 빈칸에 들어갈 수를 알맞게 쓰세요.

①
	4	3
×		3

⬅ 3×3
⬅ 40×3

②
	5	2
×		3

⬅ 2×3
⬅ 50×3

③
	7	2
×		2

⬅ 2×2
⬅ 70×2

④
	7	3
×		2

⬅ 3×2
⬅ 70×2

⑤
	5	4
×		2

⬅ 4×2
⬅ 50×2

⑥
	6	3
×		3

⬅ 3×3
⬅ 60×3

⑦
	9	2
×		4

⬅ 2×4
⬅ 90×4

⑧
	7	2
×		3

⬅ 2×3
⬅ 70×3

⑨
	5	1
×		4

⬅ 1×4
⬅ 50×4

⑩
	4	2
×		4

⬅ 2×4
⬅ 40×4

⑪
	8	3
×		3

⬅ 3×3
⬅ 80×3

⑫
	9	1
×		6

⬅ 1×6
⬅ 90×6

올림이 한 번 있는
곱셈 계산하기

92×3을 계산할 때는 92의 2와 3을 곱한 값 2×3=6을
일의 자리에 쓰고 나서, 92의 90과 3을 곱한 값
90×3=270을 6과 더하면 돼.

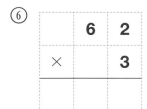

곱셈을 계산하세요.

예시

```
    9  2
×      3
    2  7  6
```

①
```
    8  1
×      4
```

②
```
    9  3
×      3
```

③
```
    5  4
×      2
```

④
```
    7  2
×      2
```

⑤
```
    5  1
×      7
```

⑥
```
    6  2
×      3
```

⑦
```
    5  3
×      2
```

⑧
```
    9  1
×      3
```

⑨
```
    4  2
×      4
```

⑩
```
    7  3
×      2
```

⑪
```
    8  2
×      2
```

⑫
```
    5  1
×      3
```

⑬
```
    8  3
×      3
```

⑭
```
    9  2
×      4
```

⑮
```
    5  1
×      4
```

⑯
```
    8  1
×      6
```

⑰
```
    7  0
×      3
```

⑱
```
    5  3
×      3
```

⑲
```
    2  1
×      6
```

올림이 한 번 있는
곱셈 계산하기

곱셈을 계산하세요.

①
```
      8 0
  ×     2
```

②
```
      5 0
  ×     7
```

③
```
      7 2
  ×     3
```

④
```
      7 1
  ×     2
```

⑤
```
      6 3
  ×     3
```

⑥
```
      5 2
  ×     2
```

⑦
```
      9 3
  ×     2
```

⑧
```
      8 3
  ×     2
```

⑨
```
      7 1
  ×     3
```

⑩
```
      3 1
  ×     6
```

⑪
```
      8 2
  ×     3
```

⑫
```
      4 1
  ×     9
```

⑬
```
      6 4
  ×     2
```

⑭
```
      8 1
  ×     5
```

⑮
```
      7 4
  ×     2
```

⑯
```
      9 4
  ×     2
```

⑰
```
      6 3
  ×     2
```

⑱
```
      4 2
  ×     3
```

⑲
```
      9 2
  ×     2
```

⑳
```
      8 4
  ×     2
```

3 DAY
A

곱하는 수 찾기

곱하는 수를 구하려면 곱해지는 수와 곱셈 계산 결과를 비교할 수 있어야 해. 예를 들어서 2×□=6이면 2단 중 6이 나오는 값을 찾으면 되겠지?

빈칸에 들어갈 수를 알맞게 쓰세요.

예시

```
      6  2
×        4
   2  4  8
```

①
```
      6  1
×
   3  6  6
```

②
```
      8  1
×
   2  4  3
```

③
```
      5  1
×
   1  5  3
```

④
```
      7  2
×
   1  4  4
```

⑤
```
      9  1
×
   8  1  9
```

⑥
```
      6  4
×
   1  2  8
```

⑦
```
      5  3
×
   1  0  6
```

⑧
```
      5  1
×
   2  0  4
```

⑨
```
      7  2
×
   2  1  6
```

⑩
```
      5  2
×
   2  0  8
```

⑪
```
      4  3
×
   1  2  9
```

⑫
```
      8  4
×
   1  6  8
```

⑬
```
      7  3
×
   2  1  9
```

⑭
```
      3  1
×
   2  4  8
```

⑮
```
      2  1
×
   1  0  5
```

⑯
```
      9  3
×
   2  7  9
```

⑰
```
      8  2
×
   3  2  8
```

⑱
```
      9  3
×
   1  8  6
```

⑲
```
      7  3
×
   1  4  6
```

곱하는 수 찾기

💬 빈칸에 들어갈 수를 알맞게 쓰세요.

①
$$\begin{array}{r} 5\ 4 \\ \times\ \ \square \\ \hline 1\ 0\ 8 \end{array}$$

②
$$\begin{array}{r} 8\ 1 \\ \times\ \ \square \\ \hline 4\ 8\ 6 \end{array}$$

③
$$\begin{array}{r} 4\ 3 \\ \times\ \ \square \\ \hline 1\ 2\ 9 \end{array}$$

④
$$\begin{array}{r} 8\ 3 \\ \times\ \ \square \\ \hline 1\ 6\ 6 \end{array}$$

⑤
$$\begin{array}{r} 5\ 2 \\ \times\ \ \square \\ \hline 1\ 5\ 6 \end{array}$$

⑥
$$\begin{array}{r} 7\ 4 \\ \times\ \ \square \\ \hline 1\ 4\ 8 \end{array}$$

⑦
$$\begin{array}{r} 7\ 1 \\ \times\ \ \square \\ \hline 2\ 8\ 4 \end{array}$$

⑧
$$\begin{array}{r} 9\ 1 \\ \times\ \ \square \\ \hline 1\ 8\ 2 \end{array}$$

⑨
$$\begin{array}{r} 9\ 2 \\ \times\ \ \square \\ \hline 3\ 6\ 8 \end{array}$$

⑩
$$\begin{array}{r} 5\ 1 \\ \times\ \ \square \\ \hline 3\ 5\ 7 \end{array}$$

⑪
$$\begin{array}{r} 6\ 3 \\ \times\ \ \square \\ \hline 1\ 2\ 6 \end{array}$$

⑫
$$\begin{array}{r} 4\ 1 \\ \times\ \ \square \\ \hline 2\ 4\ 6 \end{array}$$

⑬
$$\begin{array}{r} 7\ 1 \\ \times\ \ \square \\ \hline 6\ 3\ 9 \end{array}$$

⑭
$$\begin{array}{r} 6\ 0 \\ \times\ \ \square \\ \hline 1\ 8\ 0 \end{array}$$

⑮
$$\begin{array}{r} 9\ 4 \\ \times\ \ \square \\ \hline 1\ 8\ 8 \end{array}$$

⑯
$$\begin{array}{r} 8\ 2 \\ \times\ \ \square \\ \hline 2\ 4\ 6 \end{array}$$

⑰
$$\begin{array}{r} 6\ 2 \\ \times\ \ \square \\ \hline 1\ 8\ 6 \end{array}$$

⑱
$$\begin{array}{r} 5\ 3 \\ \times\ \ \square \\ \hline 1\ 5\ 9 \end{array}$$

⑲
$$\begin{array}{r} 4\ 1 \\ \times\ \ \square \\ \hline 2\ 0\ 5 \end{array}$$

⑳
$$\begin{array}{r} 3\ 2 \\ \times\ \ \square \\ \hline 1\ 2\ 8 \end{array}$$

4 DAY / A — 곱셈을 계산하고 규칙 찾기

곱셈 계산에 익숙해지려면 곱셈 개념을 이용해서 다양한 문제를 풀어 봐야 해. 계산이 익숙해져야 어려운 문제가 나와도 겁먹지 않고 풀 수 있어.

곱셈을 계산하고 빈칸에 알맞은 수를 쓰세요.

석아! 내가 한 계산이 맞는지 알고 싶어.

어디 보자. 곱해지는 수가 10씩 커지고 있네! 10씩 커지고 3을 곱하니까 계산 결과는 30씩 커질 거야!

$10 \times 3 = 30$

+10   +10

×	42	52	62
3	126	156	186

+30   +30

예시

×	42	52	62
3	126	156	186

①
×	51	61	71
4			

②
×	21	31	41
6			

③
×	64	74	84
2			

④
×	53	63	73
3			

⑤
×	31	41	51
9			

⑥
×	72	82	92
2			

⑦
×	51	61	71
3			

곱셈을 계산하고 규칙 찾기

💬 곱셈을 계산하고 빈칸에 알맞은 수를 쓰세요.

①
×	61	71	81
6			

②
×	73	83	93
3			

③
×	74	84	94
2			

④
×	63	73	83
2			

⑤
×	52	62	72
4			

⑥
×	51	61	71
8			

⑦
×	62	72	82
3			

⑧
×	61	62	63
3			

⑨
×	92	93	94
2			

⑩
×	21	31	41
5			

⑪
×	72	62	52
2			

⑫
×	71	81	91
4			

가장 큰 곱셈식 만들고 계산하기

계산 결과가 크려면 곱하는 수와 곱해지는 수가 모두 커야 해! 여기서는 곱하는 수가 정해져 있으니까 곱해지는 수가 제일 클 수 있도록 수 카드를 사용해야 해.

💬 수 카드를 한 번씩 사용하여 계산 결과가 가장 큰 곱셈식을 만들고 계산하세요.

예시

수 카드 : 8 1

| 8 | 1 | × | 9 | = | 729 |

① 수 카드 : 2 9

☐ ☐ × 3 = ☐

② 수 카드 : 7 3

☐ ☐ × 2 = ☐

③ 수 카드 : 3 2

☐ ☐ × 4 = ☐

④ 수 카드 : 4 8

☐ ☐ × 2 = ☐

⑤ 수 카드 : 1 6

☐ ☐ × 8 = ☐

⑥ 수 카드 : 4 3

☐ ☐ × 3 = ☐

⑦ 수 카드 : 7 4

☐ ☐ × 2 = ☐

⑧ 수 카드 : 1 5

☐ ☐ × 8 = ☐

⑨ 수 카드 : 1 9

☐ ☐ × 7 = ☐

가장 큰 곱셈식 만들고 계산하기

수 카드를 한 번씩 사용하여 계산 결과가 가장 큰 곱셈식을 만들고 계산하세요.

① 수 카드 : 3 6

☐ ☐ × 2 = ☐

② 수 카드 : 2 8

☐ ☐ × 4 = ☐

③ 수 카드 : 4 1

☐ ☐ × 8 = ☐

④ 수 카드 : 4 5

☐ ☐ × 2 = ☐

⑤ 수 카드 : 4 2

☐ ☐ × 3 = ☐

⑥ 수 카드 : 1 7

☐ ☐ × 5 = ☐

⑦ 수 카드 : 5 3

☐ ☐ × 3 = ☐

⑧ 수 카드 : 2 6

☐ ☐ × 4 = ☐

⑨ 수 카드 : 3 9

☐ ☐ × 3 = ☐

⑩ 수 카드 : 2 1

☐ ☐ × 7 = ☐

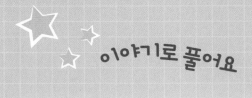
애봉이가 곱셈을 계산하고 있어요.
그런데 계산한 답이 잘못된 거 같아요.
여러분이 애봉이가 잘못 계산한 부분을 바르게 고쳐 주세요.

 애봉이의 계산

	4	2
×		4
	8	0
	1	6
	9	6

→

	4	2
×		4

	7	3
×		2
	6	0
	1	4
	7	4

→

	7	3
×		2

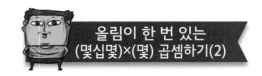
09. 수학 실력이 늘어야 하는데
살이 늘었다

한 상자에 15개인데
5상자면 15×5니까
15+15+15+15+15는…

15×5니까
답은 75네!

대체 어떻게…?

응? 어떻게
했냐고?

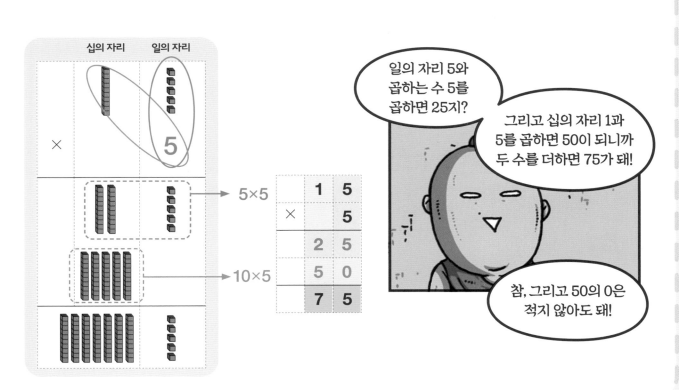

일의 자리 5와
곱하는 수 5를
곱하면 25지?

그리고 십의 자리 1과
5를 곱하면 50이 되니까
두 수를 더하면 75가 돼!

참, 그리고 50의 0은
적지 않아도 돼!

십의 자리   일의 자리

5

5×5

10×5

	1	5
×		5
	2	5
	5	0
	7	5

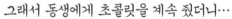

그래서 동생에게 초콜릿을 계속 줬더니…

늘긴 늘었는데

다른 게 더 늘어 버린 것 같다.
※ 음식은 적당히 먹읍시다.

마음의 꿀팁

올림이 있는 (몇십몇)×(몇) 곱셈을 할 때는 올림한 수를 알맞은 위치에 적고
계산하면 좋아.

1 DAY

A

올림이 한 번 있는
곱셈 계산 방법 알기

(몇십몇)×(몇)을 계산할 때는 (몇십몇)의 일의 자리와
(몇)을 곱하고 (몇십몇)의 십의 자리와 (몇)을 곱한 후
더하면 돼.

💬 곱셈을 계산하고 빈칸에 들어갈 수를 알맞게 쓰세요.

예시

	3	9
×		2
	1	8	← 9×2
	6	0	← 30×2
	7	8

①

	1	6
×		2
			← 6×2
			← 10×2

②

	3	7
×		2
			← 7×2
			← 30×2

③

	1	5
×		6
			← 5×6
			← 10×6

④

	1	8
×		4
			← 8×4
			← 10×4

⑤

	1	7
×		3
			← 7×3
			← 10×3

⑥

	2	4
×		4
			← 4×4
			← 20×4

⑦

	2	5
×		3
			← 5×3
			← 20×3

⑧

	2	6
×		2
			← 6×2
			← 20×2

⑨

	1	8
×		3
			← 8×3
			← 10×3

⑩

	1	3
×		6
			← 3×6
			← 10×6

⑪

	2	8
×		3
			← 8×3
			← 20×3

곱셈을 계산하고 빈칸에 들어갈 수를 알맞게 쓰세요.

①
```
    2 5
  ×   4
```
← 5×4
← 20×4

②
```
    1 7
  ×   8
```
← 7×8
← 10×8

③
```
    3 5
  ×   2
```
← 5×2
← 30×2

④
```
    2 8
  ×   2
```
← 8×2
← 20×2

⑤
```
    3 6
  ×   3
```
← 6×3
← 30×3

⑥
```
    1 9
  ×   7
```
← 9×7
← 10×7

⑦
```
    2 4
  ×   3
```
← 4×3
← 20×3

⑧
```
    3 7
  ×   3
```
← 7×3
← 30×3

⑨
```
    1 8
  ×   5
```
← 8×5
← 10×5

⑩
```
    2 6
  ×   4
```
← 6×4
← 20×4

⑪
```
    4 5
  ×   2
```
← 5×2
← 40×2

⑫
```
    1 7
  ×   4
```
← 7×4
← 10×4

올림이 한 번 있는 곱셈 계산하기

35×2를 계산할 때 5×2 = 10의 값 10은 두 자리 수이기 때문에 십의 자리 1을 곱해지는 수 십의 자리로 올림해 줘야 해. 35의 3위에 1을 적고 계산하면 실수지않 겠 지?

💬 곱셈을 계산하세요.

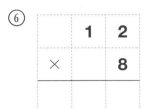

예시

```
    1 6
  ×   5
  ─────
    8 0
```

①
```
    1 5
  ×   4
  ─────
```

②
```
    3 6
  ×   2
  ─────
```

③
```
    2 8
  ×   2
  ─────
```

④
```
    1 8
  ×   7
  ─────
```

⑤
```
    3 8
  ×   2
  ─────
```

⑥
```
    1 2
  ×   8
  ─────
```

⑦
```
    2 4
  ×   3
  ─────
```

⑧
```
    1 9
  ×   3
  ─────
```

⑨
```
    1 8
  ×   5
  ─────
```

⑩
```
    3 7
  ×   2
  ─────
```

⑪
```
    2 8
  ×   4
  ─────
```

⑫
```
    1 4
  ×   3
  ─────
```

⑬
```
    1 7
  ×   5
  ─────
```

⑭
```
    2 9
  ×   3
  ─────
```

⑮
```
    4 5
  ×   2
  ─────
```

⑯
```
    2 9
  ×   2
  ─────
```

⑰
```
    1 3
  ×   5
  ─────
```

⑱
```
    1 7
  ×   6
  ─────
```

⑲
```
    2 7
  ×   3
  ─────
```

🗨 곱셈을 계산하세요.

①
```
    2 8
×     3
─────────
```

②
```
    1 6
×     3
─────────
```

③
```
    1 5
×     7
─────────
```

④
```
    2 6
×     4
─────────
```

⑤
```
    4 7
×     2
─────────
```

⑥
```
    3 5
×     3
─────────
```

⑦
```
    1 3
×     8
─────────
```

⑧
```
    1 9
×     2
─────────
```

⑨
```
    3 4
×     3
─────────
```

⑩
```
    2 5
×     2
─────────
```

⑪
```
    1 4
×     6
─────────
```

⑫
```
    2 4
×     4
─────────
```

⑬
```
    1 6
×     4
─────────
```

⑭
```
    3 5
×     2
─────────
```

⑮
```
    1 2
×     6
─────────
```

⑯
```
    3 9
×     2
─────────
```

⑰
```
    2 5
×     3
─────────
```

⑱
```
    2 7
×     4
─────────
```

⑲
```
    2 3
×     4
─────────
```

⑳
```
    1 6
×     6
─────────
```

곱하는 수 찾기

곱셈 계산 결과와 곱해지는 수를 활용해서 빈칸에 들어갈 수를 추론해야 해. 2학년 때 배웠던 곱셈구구가 얼마나 중요한지 알 수 있는 문제야.

💬 빈칸에 들어갈 수를 알맞게 쓰세요.

예시

```
    2 5
×     3
    7 5
```

①
```
    1 6
×
    9 6
```

②
```
    1 8
×
    5 4
```

③
```
    1 5
×
    9 0
```

④
```
    1 3
×
  1 0 4
```

⑤
```
    1 9
×
    3 8
```

⑥
```
    4 6
×
    9 2
```

⑦
```
    3 5
×
    7 0
```

⑧
```
    1 7
×
    8 5
```

⑨
```
    2 7
×
    5 4
```

⑩
```
    2 3
×
    9 2
```

⑪
```
    1 4
×
    9 8
```

⑫
```
    1 4
×
    4 2
```

⑬
```
    1 2
×
    8 4
```

⑭
```
    3 6
×
    7 2
```

⑮
```
    1 7
×
    6 8
```

⑯
```
    3 9
×
    7 8
```

⑰
```
    2 8
×
    8 4
```

⑱
```
    1 4
×
    7 0
```

⑲
```
    2 4
×
    9 6
```

3 DAY

B

곱하는 수 찾기

💬 빈칸에 들어갈 수를 알맞게 쓰세요.

①
```
    1  4
×      □
    5  6
```

②
```
    3  7
×      □
    7  4
```

③
```
    2  5
×      □
 1  0  0
```

④
```
    2  6
×      □
    5  2
```

⑤
```
    2  8
×      □
    5  6
```

⑥
```
    1  4
×      □
    8  4
```

⑦
```
    2  7
×      □
    8  1
```

⑧
```
    1  6
×      □
    8  0
```

⑨
```
    3  6
×      □
 1  0  8
```

⑩
```
    2  4
×      □
    7  2
```

⑪
```
    2  6
×      □
    7  8
```

⑫
```
    1  5
×      □
    4  5
```

⑬
```
    1  9
×      □
    7  6
```

⑭
```
    1  8
×      □
    9  0
```

⑮
```
    1  7
×      □
    5  1
```

⑯
```
    3  8
×      □
    7  6
```

⑰
```
    4  7
×      □
    9  4
```

⑱
```
    1  8
×      □
    7  2
```

⑲
```
    4  5
×      □
    9  0
```

⑳
```
    2  6
×      □
 1  0  4
```

146

4 DAY
A

곱셈 계산 결과가 같은 값 찾기

곱셈을 계산하는 여러 가지 방법 중 내가 계산하기 좋은 방법을 선택해서 해결하는 것도 중요해. 다양한 방법으로 해결해 보면 곱셈 개념을 확실하게 이해할 수 있어.

💬 곱셈 계산 결과가 같은 것끼리 선으로 연결하세요.

①
45×2 •   • 21×4
17×4 •   • 34×2
28×3 •   • 30×3

②
50×2 •   • 36×2
63×2 •   • 21×6
12×6 •   • 100×1

③
18×8 •   • 60×2
24×5 •   • 45×2
18×5 •   • 16×9

④
34×3 •   • 51×2
27×3 •   • 9×9
20×6 •   • 40×3

⑤
26×4 •   • 13×8
18×5 •   • 30×4
20×6 •   • 10×9

⑥
50×3 •   • 5×31
31×5 •   • 10×15
24×4 •   • 16×6

⑦
25×4 •   • 51×2
34×3 •   • 32×3
16×6 •   • 50×2

⑧
26×3 •   • 56×2
16×7 •   • 13×6
18×4 •   • 2×36

09. 수학 실력이 늘어야 하는데 살이 늘었다

147

곱셈 계산 결과가
같은 값 찾기

곱셈 계산 결과가 같은 것끼리 선으로 연결하세요.

① 24×3 ·   · 19×4
   38×2 ·   · 6×12
   17×8 ·   · 4×34

② 36×3 ·   · 46×2
   15×8 ·   · 24×5
   23×4 ·   · 9×12

③ 28×3 ·   · 4×21
   46×2 ·   · 10×7
   35×2 ·   · 23×4

④ 14×4 ·   · 2×54
   27×4 ·   · 20×5
   25×4 ·   · 7×8

⑤ 16×5 ·   · 20×4
   28×2 ·   · 6×17
   34×3 ·   · 14×4

⑥ 39×2 ·   · 9×6
   18×4 ·   · 13×6
   27×2 ·   · 8×9

⑦ 19×5 ·   · 62×3
   31×6 ·   · 18×7
   42×3 ·   · 5×19

⑧ 25×3 ·   · 60×3
   90×2 ·   · 15×5
   82×3 ·   · 41×6

곱셈 결과의 크기 비교하기

주어진 두 곱셈식을 계산하고 크기를 비교하면 돼.
계산 실수를 하지 않으려면 꼼꼼하게 계산해야 해.
올림이 있으면 올림을 꼭 표시하고 계산하자.

💬 곱셈 결과의 크기를 비교하여 ○ 안에 >, =, <를 알맞게 써넣으세요.

23×4 ○ 12×5 ⟶ 23×4 ⟩ 12×5

하나하나 계산해서
비교하는 것보다
더 간단한 방법은 없을까?

23의 십의 자리 2와
4를 곱하면
$20 \times 4 = 80$이야.

12의 십의 자리 1과
5를 곱하면
$10 \times 5 = 50$이야.

수를 비교할 때
가장 큰 자릿수부터
비교하면 된다는 점을
이용해 보자!

모두 계산하지 않고도
왼쪽에 있는 수가
더 크다는 걸 알 수 있어!

① 37×2 ○ 24×4

② 45×2 ○ 27×4

③ 28×4 ○ 16×7

④ 18×7 ○ 19×4

⑤ 24×4 ○ 16×6

⑥ 17×8 ○ 18×6

⑦ 15×9 ○ 27×3

⑧ 16×8 ○ 18×4

5 DAY B

곱셈 결과의 크기 비교하기

곱셈 결과의 크기를 비교하여 ○ 안에 >, =, <를 알맞게 써넣으세요.

① 36 ×2 ◯ 23 ×4

② 29 ×3 ◯ 35 ×2

③ 17 ×7 ◯ 37 ×3

④ 46 ×2 ◯ 27×3

⑤ 29 ×2 ◯ 19 ×5

⑥ 24 ×3 ◯ 27 ×2

⑦ 38 ×2 ◯ 34 ×3

⑧ 45 ×2 ◯ 26 ×4

⑨ 35 ×3 ◯ 15 ×9

⑩ 29 ×3 ◯ 43 ×2

⑪ 28 ×4 ◯ 32 ×4

⑫ 51 ×5 ◯ 61 ×5

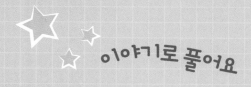
석이와 애봉이가 길을 가다가 빵집 광고를 보고 있습니다.
빵집 광고에 나온 빵의 개수를 곱셈식을 세워서 계산하세요.

마음의 빵집 오픈 이벤트

그림에 나오는
빵을 1시간 안에 다 먹으면 공짜!
단 한 사람당 한 번씩 참여할 수 있고
어린이와 건강이 안 좋은 사람은
참가할 수 없습니다.

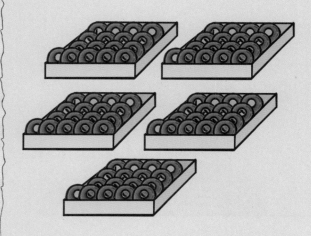

애봉이한테 질 수 없지!
근데 빵이 17개씩 들어 있는 박스가
5개 있으면 총 몇 개의 빵이 있는 거지?

전체 빵의 개수를 계산해야겠다.
곱셈식을 세우고 하면 좋을 것 같아.
얘들아, 도와줄 수 있어?

곱셈식 : _____

전체 빵의 개수 : _____

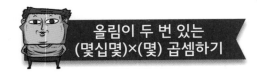

10. 수학천재 조석과
수학도사의 만남

산책을 하고 있던 어느 날…

그렇게 곱셈을
잘한다며?

나랑 곱셈으로
내기 한판 하자!

온 동네에 내 소문이
퍼진 건가…

수학천재의
삶이란… 훗….

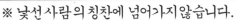
※ 낯선 사람의 칭찬에 넘어가지않습니다.

근데 아저씨는
누구세요?

나? 딱 보면
몰라?

수학
도사다!

무슨 도사
차림새가 저래!

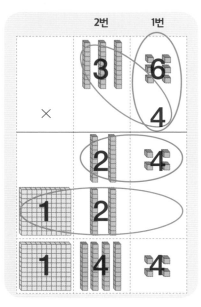

1. 36의 일의 자리 6과 4를 곱한 결과를 적는다.
2. 36의 십의 자리 3은 30을 뜻하기 때문에 30에 4를 곱하면 120이 된다. 120에 일의 자리 0은 쓰지 않아도 된다.
3. 각 자리에 맞춰서 더한다.

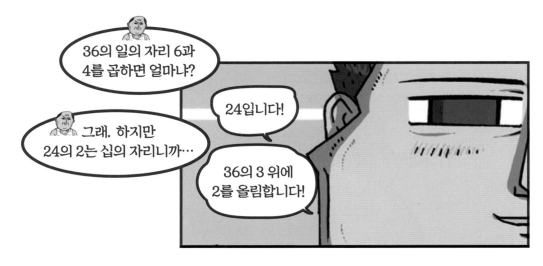

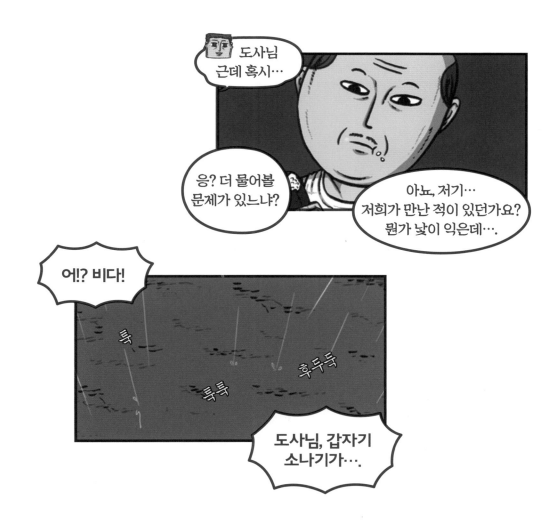

??????????

 마음의 꿀팁

올림이 두 번 있는 곱셈을 할 때도 올림이 한 번 있을 때와 같이 올림한 수를 적고 하나씩 계산하면 돼. 곱셈을 할 때는 곱하는 수와 곱해지는 수를 잘 생각하고 계산해야 해.

올림이 두 번 있는
곱셈 계산 방법 알기

올림이 두 번 있는 문제에서는 일의 자리의 올림은 십의
자리에 올림하고 십의 자리의 올림은 백의 자리에 표시해야
해. 올림을 표시하는 습관은 곱셈 계산에서 매우 중요해.

곱셈을 계산하고 빈칸에 들어갈 수를 알맞게 쓰세요.

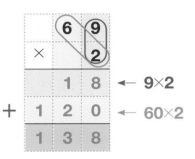

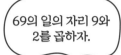

69의 일의 자리 9와
2를 곱하자.

69의 십의 자리 6과
2를 곱하자.

일의 자리끼리 계산한 것과
십의 자리끼리 계산한 값을
모두 더하면?

예시

```
      6  9
 ×       2
      1  8   ⇐ 9×2
   1  2  0   ⇐ 60×2
   1  3  8
```

①
```
      5  8
 ×       6
             ⇐ 8×6
             ⇐ 50×6
```

②
```
      7  3
 ×       7
             ⇐ 3×7
             ⇐ 70×7
```

③
```
      2  4
 ×       6
             ⇐ 4×6
             ⇐ 20×6
```

④
```
      3  3
 ×       7
             ⇐ 3×7
             ⇐ 30×7
```

⑤
```
      5  5
 ×       5
             ⇐ 5×5
             ⇐ 50×5
```

⑥
```
      6  6
 ×       8
             ⇐ 6×8
             ⇐ 60×8
```

⑦
```
      4  7
 ×       4
             ⇐ 7×4
             ⇐ 40×4
```

⑧
```
      8  3
 ×       5
             ⇐ 3×5
             ⇐ 80×5
```

올림이 두 번 있는
곱셈 계산 방법 알기

💬 곱셈을 계산하고 빈칸에 들어갈 수를 알맞게 쓰세요.

①
	8	9
×		3
			← 9×3
			← 80×3

②
	3	3
×		6
			← 3×6
			← 30×6

③
	4	8
×		5
			← 8×5
			← 40×5

④
	5	3
×		7
			← 3×7
			← 50×7

⑤
	7	2
×		6
			← 2×6
			← 70×6

⑥
	3	4
×		9
			← 4×9
			← 30×9

⑦
	6	3
×		4
			← 3×4
			← 60×4

⑧
	2	9
×		5
			← 9×5
			← 20×5

⑨
	4	5
×		8
			← 5×8
			← 40×8

⑩
	5	2
×		6
			← 2×6
			← 50×6

⑪
	3	7
×		9
			← 7×9
			← 30×9

⑫
	9	4
×		4
			← 4×4
			← 90×4

올림이 두 번 있는
곱셈 계산하기

올림한 수를 쓰는 연습을 통해서 계산 실수를 줄일
수 있어. 올림은 받아올림과 다르게 1 말고도 다양한
수가 올 수 있어.

 올림한 수를 쓰고 곱셈을 계산하세요.

예시
```
    4
    8 6
  ×   7
  6 0 2
```

① □
```
    4 9
  ×   5
```

② □
```
    2 7
  ×   8
```

③ □
```
    9 2
  ×   6
```

④ □
```
    7 4
  ×   7
```

⑤ □
```
    8 8
  ×   6
```

⑥ □
```
    1 5
  ×   9
```

⑦ □
```
    6 3
  ×   8
```

⑧ □
```
    7 6
  ×   8
```

⑨ □
```
    3 9
  ×   4
```

⑩ □
```
    8 9
  ×   3
```

⑪ □
```
    8 6
  ×   5
```

⑫ □
```
    2 7
  ×   7
```

⑬ □
```
    3 4
  ×   4
```

⑭ □
```
    9 5
  ×   5
```

⑮ □
```
    4 5
  ×   7
```

⑯ □
```
    4 8
  ×   3
```

⑰ □
```
    6 6
  ×   6
```

⑱ □
```
    5 4
  ×   5
```

⑲ □
```
    1 9
  ×   8
```

올림한 수를 쓰고 곱셈을 계산하세요.

①
```
      8  7
×        2
```

②
```
      9  5
×        6
```

③
```
      4  3
×        7
```

④
```
      2  9
×        5
```

⑤
```
      5  7
×        5
```

⑥
```
      4  3
×        8
```

⑦
```
      2  8
×        7
```

⑧
```
      3  6
×        4
```

⑨
```
      6  4
×        3
```

⑩
```
      4  2
×        9
```

⑪
```
      4  7
×        3
```

⑫
```
      7  3
×        4
```

⑬
```
      4  9
×        6
```

⑭
```
      8  3
×        5
```

⑮
```
      7  5
×        3
```

⑯
```
      3  8
×        6
```

⑰
```
      3  3
×        8
```

⑱
```
      7  7
×        2
```

⑲
```
      2  7
×        4
```

⑳
```
      6  3
×        6
```

3 DAY

A

곱하는 수 찾기

빈칸에 있는 수를 추론하는 연습을 많이 했지? 이제
곱셈구구가 충분히 익숙해졌기 때문에 주어진 식을
보고 바로 알 수 있어야 해.

💬 빈칸에 들어갈 수를 알맞게 쓰세요.

①
```
    6 6
×     □
1 3 2
```

②
```
    4 7
×     □
2 8 2
```

③
```
    9 6
×   □
7 6 8
```

④
```
    6 7
×     □
1 3 4
```

⑤
```
    7 2
×     □
5 0 4
```

⑥
```
    8 5
×     □
3 4 0
```

⑦
```
    2 2
×   □
1 9 8
```

⑧
```
    3 9
×   □
1 9 5
```

⑨
```
    4 7
×   □
3 2 9
```

⑩
```
    3 5
×   □
2 4 5
```

⑪
```
    7 8
×   □
6 2 4
```

⑫
```
    5 4
×   □
2 1 6
```

⑬
```
    6 2
×   □
3 7 2
```

⑭
```
    6 9
×   □
6 2 1
```

⑮
```
    9 5
×   □
6 6 5
```

⑯
```
    6 7
×   □
2 6 8
```

⑰
```
    2 7
×   □
1 6 2
```

⑱
```
    4 2
×   □
2 9 4
```

⑲
```
    5 8
×   □
2 9 0
```

⑳
```
    3 7
×   □
2 2 2
```

곱하는 수 찾기

빈칸에 들어갈 수를 알맞게 쓰세요.

① 9 3 ×
4 6 5

② 7 4 ×
5 9 2

③ 3 8 ×
1 5 2

④ 6 2 ×
4 3 4

⑤ 9 6 ×
3 8 4

⑥ 3 5 ×
1 4 0

⑦ 2 3 ×
2 0 7

⑧ 5 4 ×
1 6 2

⑨ 8 3 ×
4 1 5

⑩ 3 7 ×
1 4 8

⑪ 2 8 ×
1 6 8

⑫ 5 9 ×
1 1 8

⑬ 6 8 ×
4 7 6

⑭ 7 2 ×
3 6 0

⑮ 3 5 ×
3 1 5

⑯ 3 3 ×
2 6 4

⑰ 4 6 ×
2 3 0

⑱ 9 9 ×
3 9 6

⑲ 3 4 ×
2 3 8

⑳ 5 7 ×
3 4 2

4 DAY
A

**곱셈 계산 결과가
가장 큰 값 찾기**

곱셈 계산을 정확하게 해야 크기 비교도 정확하게 할
수 있어. 빠르게 계산하는 것도 좋지만 정확하게
계산하는 게 더욱 중요하니까 계산한 후 꼭 검산하자.

💬 석이와 애봉이가 들고 있는 곱셈식을 계산하고 가장 큰 수를 들고 있는 사람에 동그라미를 치세요.

①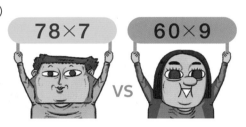

78×7 60×9 VS

②

35×2 23×8 VS

③

46×7 64×3 VS

④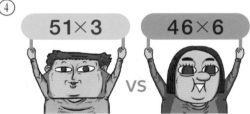

51×3 46×6 VS

⑤

34×5 35×4 VS

⑥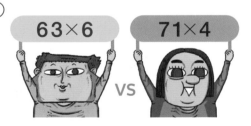

63×6 71×4 VS

⑦

54×4 54×5 VS

⑧

63×7 65×8 VS

곱셈 계산 결과가
가장 큰 값 찾기

석이와 애봉이가 들고 있는 곱셈식을 계산하고 가장 큰 수를 들고 있는 사람에 동그라미를 치세요.

①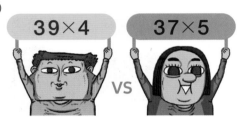
39×4   37×5
VS

②
25×8   34×6
VS

③
54×3   55×2
VS

④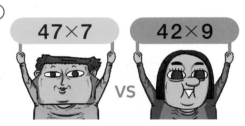
47×7   42×9
VS

⑤
25×6   29×5
VS

⑥
54×3   52×5
VS

⑦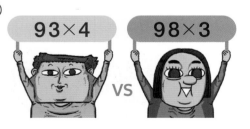
93×4   98×3
VS

⑧
85×5   86×4
VS

5 DAY
A

곱이 가장 큰 곱셈식 만들고 계산하기

곱셈의 개념이 같은 수를 여러 번 더하는 거라고 했지? 더하는 횟수가 많을수록 곱하는 값이 커져. 그래서 가장 큰 수 카드 값이 곱하는 수에 들어가야 해.

💬 수 카드를 한 번씩만 사용하여 곱이 가장 큰 (두 자리 수)×(한 자리 수)를 만들고 계산해 보세요.

수카드 : ④ ⑤ ① ③

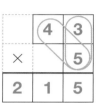

가장 큰 수인 5가 일의 자리에 들어가면 한 번밖에 곱해지지 않아.

가장 큰 수인 5가 십의 자리에 들어가도 한 번밖에 곱해지지 않아.

가장 큰 수인 5가 곱하는 수에 들어가면 두 번 곱해진다!

가장 큰 수가 많이 곱해질수록 수가 커질 테니까 가장 큰 수는 두 번 곱해질 수 있는 곳에 들어가야겠구나!

예시

수 카드 : ④ ⑤ ① ③

		4	3
	×		5
	2	1	5

① 수 카드 : ⑦ ⑥ ② ⑧

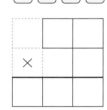

② 수 카드 : ① ③ ⑤ ⑧

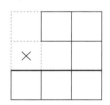

③ 수 카드 : ⑥ ④ ⑤ ③

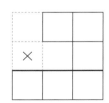

④ 수 카드 : ⑤ ⓪ ③ ⑨

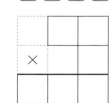

⑤ 수 카드 : ⑧ ③ ② ④

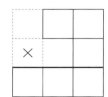

---

10. 수학천재 조석과 수학도사의 만남

165

곱이 가장 큰 곱셈식
만들고 계산하기

수 카드를 한 번씩만 사용하여 곱이 가장 큰 (두 자리 수)×(한 자리 수)를 만들고 계산해 보세요.

① 수 카드 : 7 3 6 2
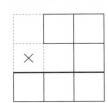

② 수 카드 : 6 8 3 0
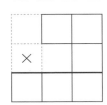

③ 수 카드 : 8 2 7 5
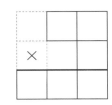

④ 수 카드 : 3 0 9 2
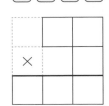

⑤ 수 카드 : 7 1 5 2
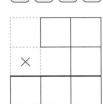

⑥ 수 카드 : 4 6 1 8
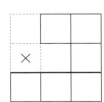

⑦ 수 카드 : 5 6 3 9
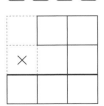

⑧ 수 카드 : 9 6 1 7
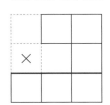

⑨ 수 카드 : 9 7 2 4
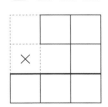

⑩ 수 카드 : 5 6 0 3
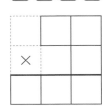

⑪ 수 카드 : 6 3 2 4
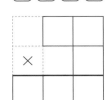

⑫ 수 카드 : 8 7 9 3
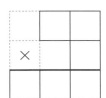

3학년 1권
- 정답 -

※ 한 문제 안에서 빈칸이 여러 개일 경우, 정답의 순서는
위에서 아래로 왼쪽에서 오른쪽으로 표기했습니다.

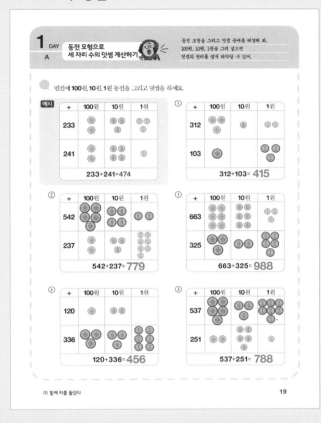

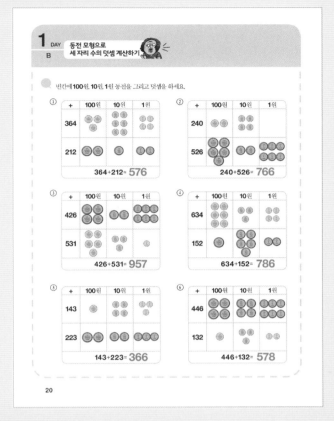

≫≫ 21쪽 정답

① 813, 126, 939	② 418, 261, 679	③ 255, 312, 567	④ 531, 328, 859
⑤ 247, 111, 358	⑥ 492, 203, 695	⑦ 208, 361, 569	⑧ 573, 412, 985
⑨ 167, 512, 679	⑩ 713, 243, 956	⑪ 627, 330, 957	

≫≫ 22쪽 정답

① 385, 212, 597	② 536, 143, 679	③ 493, 204, 697	④ 527, 332, 859
⑤ 811, 107, 918	⑥ 587, 112, 699	⑦ 124, 214, 338	⑧ 358, 341, 699
⑨ 763, 126, 889	⑩ 406, 353, 759	⑪ 732, 244, 976	⑫ 363, 524, 887

≫≫ 23쪽 정답

① 584	② 988	③ 593	④ 746	⑤ 756	⑥ 999	⑦ 395	⑧ 969
⑨ 968	⑩ 799	⑪ 958	⑫ 727	⑬ 898	⑭ 269	⑮ 479	⑯ 656
⑰ 458	⑱ 935	⑲ 594	⑳ 595				

≫≫ 24쪽 정답

① 789　② 858　③ 599　④ 978　⑤ 877　⑥ 869　⑦ 872　⑧ 797　⑨ 985
⑩ 968　⑪ 796　⑫ 879　⑬ 789　⑭ 729　⑮ 997　⑯ 897　⑰ 958　⑱ 984
⑲ 979　⑳ 848

≫≫ 25쪽 정답

① 875　② 848　③ 638　④ 829　⑤ 468　⑥ 789　⑦ 766　⑧ 666　⑨ 672
⑩ 959　⑪ 976　⑫ 979　⑬ 746　⑭ 849　⑮ 955　⑯ 959　⑰ 869　⑱ 788
⑲ 999　⑳ 859

≫≫ 26쪽 정답

① 479　② 996　③ 879　④ 849　⑤ 658　⑥ 798　⑦ 885　⑧ 898　⑨ 927
⑩ 789　⑪ 795　⑫ 993　⑬ 788　⑭ 846　⑮ 879　⑯ 669　⑰ 538　⑱ 829
⑲ 479　⑳ 788

≫≫ 27쪽 정답

① 532, 123, 655　② 652, 205, 857　③ 643, 304, 947
④ 432, 123, 555　⑤ 532, 203, 735

≫≫ 28쪽 정답

① 632, 123, 755　② 542, 204, 746　③ 821, 102, 923　④ 543, 134, 677
⑤ 742, 204, 946　⑥ 832, 123, 955　⑦ 643, 234, 877　⑧ 861, 106, 967

≫≫ 29쪽 정답

527, 312, 839

① 1, 793	② 1, 887	③ 1, 792	④ 1, 675	⑤ 1, 781	⑥ 1, 480	⑦ 1, 991
⑧ 1, 664	⑨ 1, 764	⑩ 1, 812	⑪ 1, 965	⑫ 1, 453	⑬ 1, 791	⑭ 1, 743
⑮ 1, 357	⑯ 1, 760	⑰ 1, 642	⑱ 1, 847	⑲ 1, 523		

① 1, 791	② 1, 781	③ 1, 854	④ 1, 891	⑤ 1, 872	⑥ 1, 893	⑦ 1, 855
⑧ 1, 678	⑨ 1, 571	⑩ 1, 353	⑪ 1, 744	⑫ 1, 871	⑬ 1, 762	⑭ 1, 890
⑮ 1, 681	⑯ 1, 771	⑰ 1, 794	⑱ 1, 394	⑲ 1, 780	⑳ 1, 675	

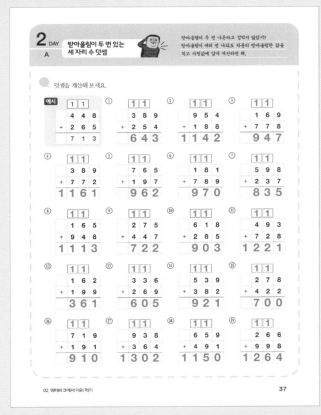

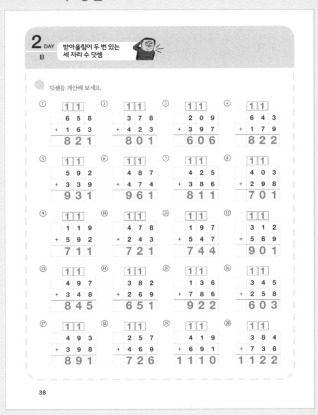

≫≫ 39쪽 정답

① 643, 832   ② 361, 729   ③ 653, 1090   ④ 477, 778
⑤ 611, 1036   ⑥ 334, 688   ⑦ 893, 1032   ⑧ 558, 923
⑨ 755, 1050

≫≫ 40쪽 정답

① 581, 821   ② 671, 857   ③ 495, 807   ④ 482, 702
⑤ 531, 908   ⑥ 792, 907   ⑦ 551, 811   ⑧ 584, 835
⑨ 443, 709   ⑩ 580, 884

≫≫ 41쪽 정답

① 2, 9   ② 5, 7   ③ 7, 5   ④ 7, 9, 3   ⑤ 9, 3   ⑥ 2, 9   ⑦ 8, 2
⑧ 7, 3, 7   ⑨ 9, 3, 8   ⑩ 7, 8, 5   ⑪ 7, 6   ⑫ 5, 7   ⑬ 4, 3, 5   ⑭ 5, 1, 5
⑮ 4, 9, 7   ⑯ 4, 2, 7   ⑰ 7, 3, 3   ⑱ 8, 6, 1   ⑲ 2, 2

≫≫ 42쪽 정답

① 4, 7   ② 3, 4   ③ 8, 3   ④ 8, 0   ⑤ 8, 9   ⑥ 5, 5   ⑦ 2, 8
⑧ 8, 2   ⑨ 2, 2, 9   ⑩ 0, 6, 5   ⑪ 1, 3, 6   ⑫ 8, 1   ⑬ 3, 2   ⑭ 5, 4, 9
⑮ 4, 6, 8   ⑯ 3, 8, 1, 1 ⑰ 5, 3, 2   ⑱ 7, 7, 7   ⑲ 9, 1, 2   ⑳ 4, 4, 3

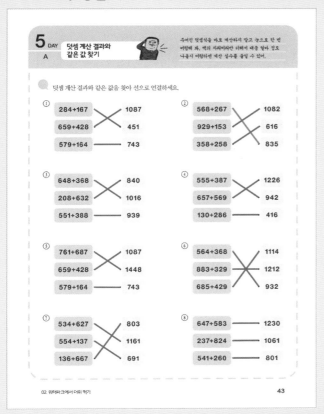

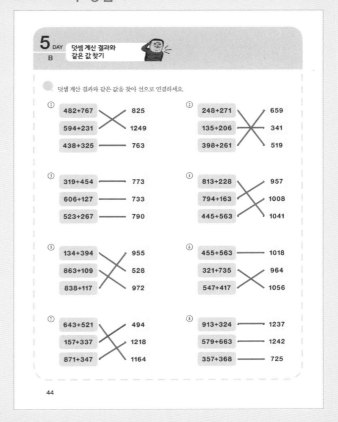

≫≫ 45쪽 정답

821

≫≫ 49쪽 정답

① 324	② 624	③ 201	④ 576	⑤ 141	⑥ 414	⑦ 402
⑧ 163	⑨ 422	⑩ 215	⑪ 261	⑫ 621	⑬ 221	⑭ 323
⑮ 344	⑯ 123	⑰ 302	⑱ 224	⑲ 266		

≫≫ 50쪽 정답

① 541	② 216	③ 413	④ 451	⑤ 412	⑥ 214	⑦ 421
⑧ 251	⑨ 213	⑩ 611	⑪ 322	⑫ 340	⑬ 131	⑭ 303
⑮ 151	⑯ 762	⑰ 405	⑱ 111	⑲ 351	⑳ 193	

≫≫ 51쪽 정답

≫≫ 52쪽 정답

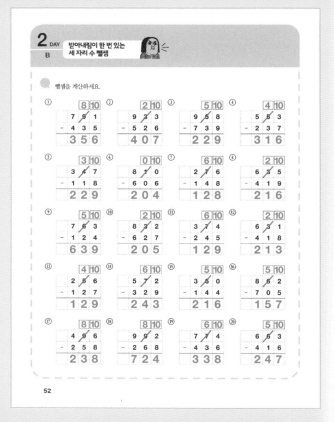

≫≫ 53쪽 정답

① 346	② 259	③ 716	④ 249	⑤ 277	⑥ 329	⑦ 156
⑧ 268	⑨ 538	⑩ 424	⑪ 237	⑫ 719	⑬ 228	⑭ 803
⑮ 438	⑯ 345	⑰ 218	⑱ 154	⑲ 266	⑳ 152	

≫≫ 54쪽 정답

① 168	② 139	③ 326	④ 219	⑤ 106	⑥ 348	⑦ 456
⑧ 219	⑨ 108	⑩ 417	⑪ 128	⑫ 109	⑬ 234	⑭ 108
⑮ 223	⑯ 569	⑰ 288	⑱ 208	⑲ 174	⑳ 182	㉑ 262

① 162, 489−327=162　　② 539, 868−329=539　　③ 101, 502−401=101
④ 423, 642−219=423　　⑤ 458, 583−125=458　　⑥ 438, 764−326=438
⑦ 323, 584−261=323　　⑧ 405, 764−359=405　　⑨ 280, 536−256=280

≫≫ 56쪽 정답

① 363, 580−217=363　　② 429, 764−335=429　　③ 409, 518−109=409
④ 145, 493−348=145　　⑤ 136, 254−118=136　　⑥ 112, 551−439=112
⑦ 515, 641−126=515　　⑧ 416, 564−148=416　　⑨ 139, 352−213=139
⑩ 91, 476−385=91

≫≫ 57쪽 정답

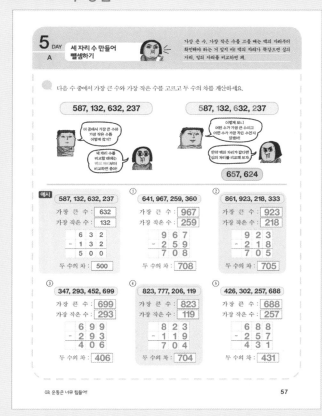

≫≫ 58쪽 정답

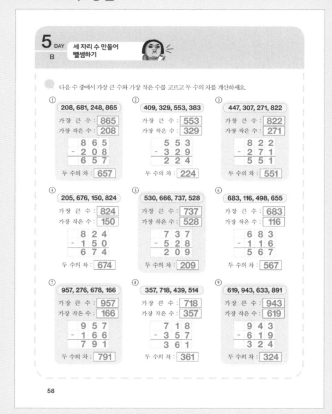

≫≫ 59쪽 정답

472, 346, 126

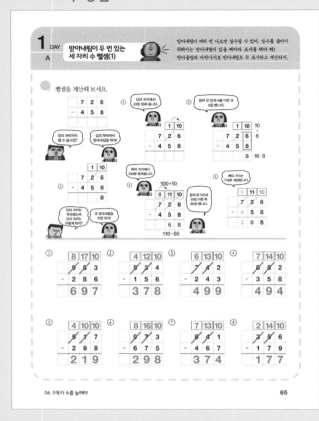

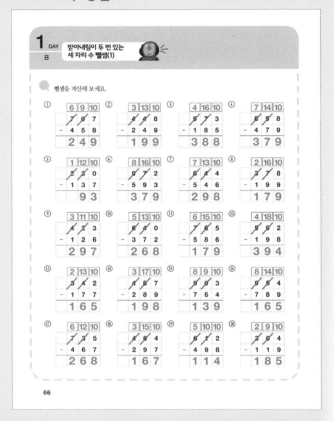

≫≫ 69쪽 정답

① 179   ② 477   ③ 698   ④ 389   ⑤ 475   ⑥ 117   ⑦ 579
⑧ 618   ⑨ 189   ⑩ 166   ⑪ 108   ⑫ 279   ⑬ 177   ⑭ 449
⑮ 285   ⑯ 597   ⑰ 106   ⑱ 135   ⑲ 348   ⑳ 588

≫≫ 70쪽 정답

① 464   ② 266   ③ 285   ④ 199   ⑤ 488   ⑥ 199   ⑦ 428
⑧ 170   ⑨ 89   ⑩ 293   ⑪ 99   ⑫ 167   ⑬ 89   ⑭ 189
⑮ 77   ⑯ 145   ⑰ 296   ⑱ 289   ⑲ 166   ⑳ 249   ㉑ 136

≫≫ 71쪽 정답

① 687, 912−225=687   ② 127, 425−298=127   ③ 154, 343−189=154
④ 177, 843−666=177   ⑤ 169, 563−394=169   ⑥ 594, 902−308=594
⑦ 459, 633−174=459   ⑧ 293, 762−469=293   ⑨ 397, 536−139=397

≫≫ 72쪽 정답

① 499, 668−169=499   ② 338, 724−386=338   ③ 199, 396−197=199
④ 89, 203−114=89   ⑤ 157, 422−265=157   ⑥ 288, 564−276=288
⑦ 98, 646−548=98   ⑧ 195, 324−129=195   ⑨ 298, 801−503=298
⑩ 188, 353−165=188

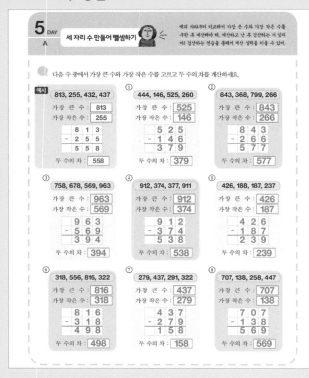

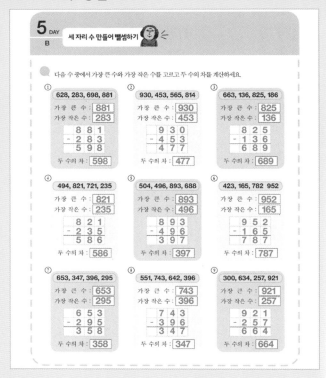

아빠와 석이 구독자 수의 차 : 610, 475, 135
엄마와 석이 구독자 수의 차 : 500, 475, 25

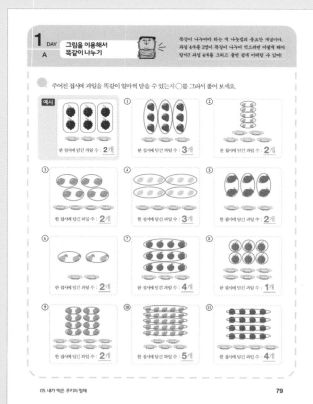

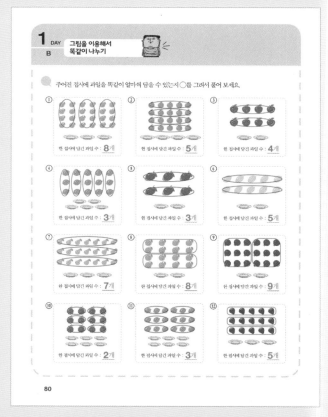

① 10,5 ② 8, 2 ③ 12, 3 ④ 9, 3 ⑤ 14, 2 ⑥ 16, 4
⑦ 15, 3 ⑧ 20, 4 ⑨ 10, 2 ⑩ 6, 2 ⑪ 20, 5

① 4, 2 ② 21, 7 ③ 24, 4 ④ 36, 4 ⑤ 8, 4 ⑥ 18, 6
⑦ 14, 7 ⑧ 16, 2 ⑨ 6, 3 ⑩ 21, 3 ⑪ 24, 6 ⑫ 18, 9

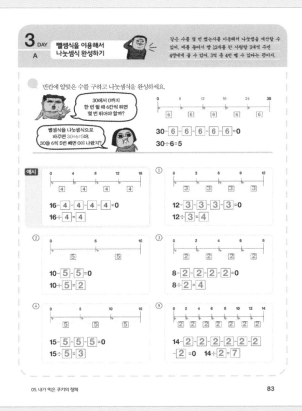

① 2 ② 4 ③ 4 ④ 3 ⑤ 2 ⑥ 7 ⑦ 3
⑧ 4 ⑨ 4 ⑩ 3 ⑪ 6

① 5 ② 7 ③ 3 ④ 5 ⑤ 7 ⑥ 2 ⑦ 5
⑧ 5 ⑨ 4 ⑩ 6 ⑪ 3 ⑫ 4

≫≫ 87쪽 정답

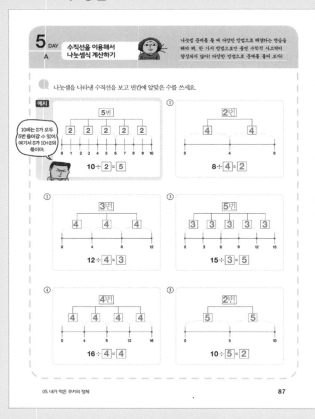

≫≫ 88쪽 정답

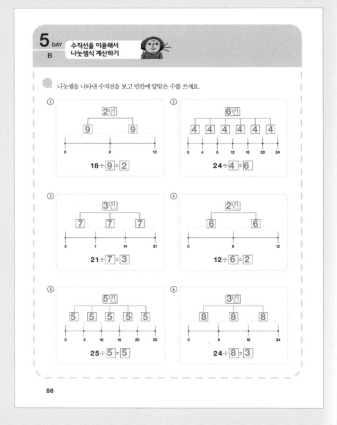

≫≫ 89쪽 정답

2, 4

≫≫ 95쪽 정답

① 4, 2, 4, 2   ② 7, 2, 7, 2   ③ 4, 3, 4, 3   ④ 2, 5, 2, 5

≫≫ 96쪽 정답

① 3, 7, 3, 7   ② 6, 3, 6, 3   ③ 6, 2, 6, 2   ④ 3, 5, 3, 5
⑤ 2, 3, 2, 3   ⑥ 3, 8, 3, 8   ⑦ 4, 4   ⑧ 7, 1, 7, 1

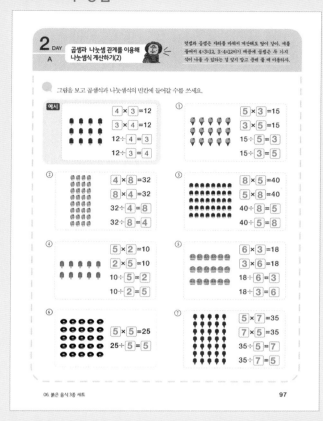

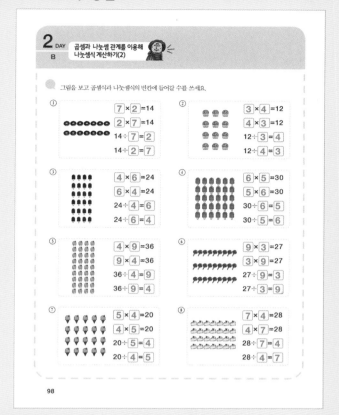

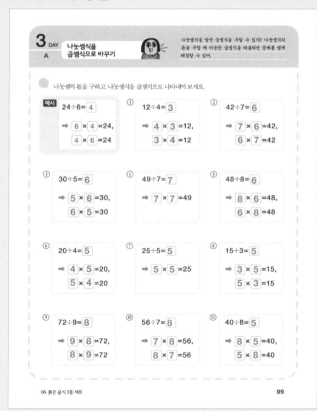

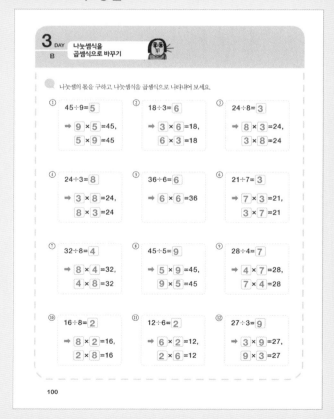

① 5　　② 5　　③ 9　　④ 8　　⑤ 3　　⑥ 6　　⑦ 4
⑧ 3　　⑨ 3　　⑩ 7　　⑪ 3　　⑫ 7　　⑬ 8　　⑭ 8
⑮ 4　　⑯ 7　　⑰ 7　　⑱ 7　　⑲ 9　　⑳ 5

① 5　　② 4　　③ 6　　④ 6　　⑤ 5　　⑥ 5　　⑦ 6
⑧ 6　　⑨ 5　　⑩ 9　　⑪ 6　　⑫ 7　　⑬ 4　　⑭ 7
⑮ 5　　⑯ 2　　⑰ 4　　⑱ 9　　⑲ 7　　⑳ 6　　㉑ 9

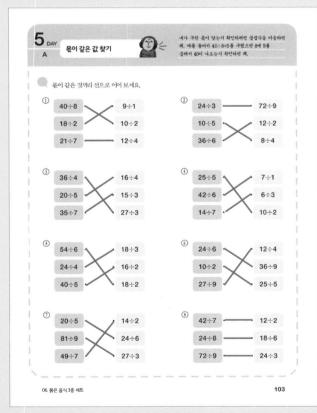

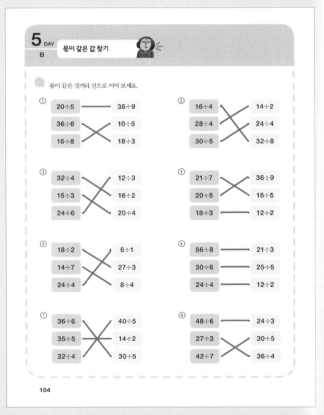

맞은 개수: 3개
2. $20 \div 5 = 4$
3. $15 \div 3 = 5$
5. $16 \div 4 = 4$

① 80, 2, 80　② 80, 4, 80　③ 40, 2, 40　④ 50, 5, 50　⑤ 40, 4, 40
⑥ 60, 6, 60　⑦ 60, 3, 60　⑧ 80, 8, 80　⑨ 60, 2, 60　⑩ 63, 3, 63
⑪ 48, 2, 48

① 44, 2, 44　② 48, 4, 48　③ 64, 2, 64　④ 55, 5, 55　⑤ 99, 3, 99
⑥ 96, 3, 96　⑦ 26, 2, 26　⑧ 82, 2, 82　⑨ 88, 4, 88　⑩ 84, 2, 84
⑪ 36, 3, 36

① 6, 60　② 2. 28　③ 3, 90　④ 4, 40　⑤ 2, 84
⑥ 6, 66　⑦ 3, 39　⑧ 4, 88　⑨ 2, 82　⑩ 4, 48
⑪ 5, 50

① 2, 24　② 3, 69　③ 2, 66　④ 2, 86　⑤ 2, 60
⑥ 4, 80　⑦ 5, 55　⑧ 3, 60　⑨ 3, 96　⑩ 2, 44
⑪ 3, 33　⑫ 8, 80

① 3, 3, 69　② 2, 2, 68　③ 2, 2, 48　④ 3, 3, 33　⑤ 3, 3, 93
⑥ 2, 2, 46　⑦ 3, 3, 96

① 3, 3, 63　② 3, 3, 36　③ 2, 2, 28　④ 4, 4, 84　⑤ 3, 3, 39
⑥ 4, 4, 88　⑦ 3, 3, 99　⑧ 3, 3, 66

≫≫ 117쪽 정답

① 0, 80, 80   ② 3, 90, 93   ③ 0, 60, 60   ④ 0, 60, 60   ⑤ 2, 80, 82
⑥ 6, 60, 66   ⑦ 5, 50, 55   ⑧ 6, 60, 66   ⑨ 0, 90, 90   ⑩ 9, 90, 99
⑪ 4, 60, 64   ⑫ 0, 80, 80   ⑬ 0, 40, 40   ⑭ 0, 80, 80   ⑮ 7, 70, 77

≫≫ 118쪽 정답

① 8, 80. 88   ② 9, 30, 39   ③ 8, 20, 28   ④ 9, 60, 69   ⑤ 4, 80, 84
⑥ 8, 60, 68   ⑦ 8, 40, 48   ⑧ 0, 90, 90   ⑨ 6, 20, 26   ⑩ 2, 40, 42
⑪ 6, 90, 96   ⑫ 0, 40, 40   ⑬ 2, 60, 62   ⑭ 6, 60, 66   ⑮ 0, 50, 50
⑯ 9, 90, 99

≫≫ 119쪽 정답

① 80   ② 39   ③ 60   ④ 84   ⑤ 44   ⑥ 24   ⑦ 90   ⑧ 82
⑨ 66   ⑩ 80   ⑪ 80

≫≫ 120쪽 정답

① 66   ② 28   ③ 99   ④ 70
⑤ 84   ⑥ 26   ⑦ 55   ⑧ 88
⑨ 44   ⑩ 64   ⑪ 69   ⑫ 60
⑬ 63   ⑭ 66   ⑮ 48   ⑯ 62
⑰ 48   ⑱ 86   ⑲ 68   ⑳ 88

≫≫ 121쪽 정답

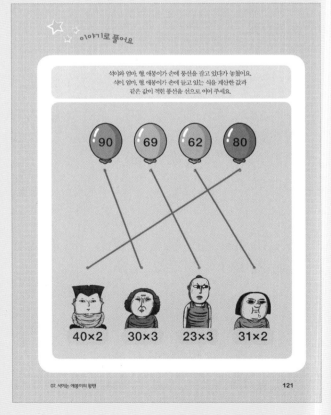

≫≫ 127쪽 정답

① 9, 150, 159	② 4, 120, 124	③ 6, 420, 426	④ 8, 160,168	⑤ 6, 180, 186
⑥ 8, 180, 188	⑦ 7, 280, 287	⑧ 4, 120, 124	⑨ 6, 360, 366	⑩ 9, 210, 219
⑪ 6, 240, 246				

≫≫ 128쪽 정답

① 9, 120, 129	② 6, 150, 156	③ 4, 140, 144	④ 6, 140, 146	⑤ 8, 100, 108
⑥ 9, 180, 189	⑦ 8, 360, 368	⑧ 6, 210, 216	⑨ 4, 200, 204	⑩ 8, 160, 168
⑪ 9, 240, 249	⑫ 6, 540, 546			

≫≫ 129쪽 정답

① 324	② 279	③ 108	④ 144	⑤ 357
⑥ 186	⑦ 106	⑧ 273	⑨ 168	⑩ 146
⑪ 164	⑫ 153	⑬ 249	⑭ 368	⑮ 204
⑯ 486	⑰ 210	⑱ 159	⑲ 126	

≫≫ 130쪽 정답

① 160	② 350	③ 216	④ 142	⑤ 189
⑥ 104	⑦ 186	⑧ 166	⑨ 213	⑩ 186
⑪ 246	⑫ 369	⑬ 128	⑭ 405	⑮ 148
⑯ 188	⑰ 126	⑱ 126	⑲ 184	⑳ 168

≫≫ 131쪽 정답

① 6	② 3	③ 3	④ 2	⑤ 9
⑥ 2	⑦ 2	⑧ 4	⑨ 3	⑩ 4
⑪ 3	⑫ 2	⑬ 3	⑭ 8	⑮ 5
⑯ 3	⑰ 4	⑱ 2	⑲ 2	

≫≫ 132쪽 정답

① 2	② 6	③ 3	④ 2	⑤ 3
⑥ 2	⑦ 4	⑧ 2	⑨ 4	⑩ 7
⑪ 2	⑫ 6	⑬ 9	⑭ 3	⑮ 2
⑯ 3	⑰ 3	⑱ 3	⑲ 5	⑳ 4

정답   185

≫≫ 133쪽 정답

① 204, 244, 284   ② 126, 186, 246   ③ 128, 148, 168   ④ 159, 189, 219
⑤ 279, 369, 459   ⑥ 144, 164, 184   ⑦ 153, 183, 213

≫≫ 134쪽 정답

① 366, 426, 486   ② 219, 249, 279   ③ 148, 168, 188   ④ 126, 146, 166
⑤ 208, 248, 288   ⑥ 408, 488, 568   ⑦ 186, 216, 246   ⑧ 183, 186, 189
⑨ 184, 186, 188   ⑩ 105, 155, 205   ⑪ 144, 124, 104   ⑫ 284, 324, 364

≫≫ 135쪽 정답

① 9, 2, 276   ② 7, 3, 146   ③ 3, 2, 128   ④ 8, 4, 168
⑤ 6, 1, 488   ⑥ 4, 3, 129   ⑦ 7, 4, 148   ⑧ 5, 1, 408   ⑨ 9, 1, 637

≫≫ 136쪽 정답

① 6, 3, 126   ② 8, 2, 328   ③ 4, 1, 328   ④ 5, 4, 108   ⑤ 4, 2, 126
⑥ 7, 1, 355   ⑦ 5, 3, 159   ⑧ 6, 2, 248   ⑨ 9, 3, 279   ⑩ 2, 1, 147

≫≫ 137쪽 정답

애봉이의 계산 1 : 8, 160, 168
애봉이의 계산 2 : 6, 140, 146

≫≫ 141쪽 정답

① 12, 20, 32   ② 14, 60, 74   ③ 30, 60, 90   ④ 32, 40, 72   ⑤ 21, 30, 51
⑥ 16, 80, 96   ⑦ 15, 60, 75   ⑧ 12, 40, 52   ⑨ 24, 30, 54   ⑩ 18, 60, 78
⑪ 24, 60, 84

≫≫ 142쪽 정답

① 20, 80, 100   ② 56, 80, 136   ③ 10, 60, 70   ④ 16, 40, 56   ⑤ 18, 90, 108
⑥ 63, 70, 133   ⑦ 12, 60, 72   ⑧ 21, 90, 111   ⑨ 40, 50, 90   ⑩ 24, 80, 104
⑪ 10, 80, 90   ⑫ 28, 40, 68

≫≫ 143쪽 정답

① 60	② 72	③ 56	④ 126	⑤ 76	⑥ 96	⑦ 72	⑧ 57
⑨ 90	⑩ 74	⑪ 112	⑫ 42	⑬ 85	⑭ 87	⑮ 90	⑯ 58
⑰ 65	⑱ 102	⑲ 81					

≫≫ 144쪽 정답

① 84	② 48	③ 105	④ 104	⑤ 94	⑥ 105	⑦ 104	⑧ 38
⑨ 102	⑩ 50	⑪ 84	⑫ 96	⑬ 64	⑭ 70	⑮ 72	⑯ 78
⑰ 75	⑱ 108	⑲ 92	⑳ 96				

≫≫ 145쪽 정답

① 6	② 3	③ 6	④ 8	⑤ 2	⑥ 2	⑦ 2	⑧ 5	⑨ 2	⑩ 4
⑪ 7	⑫ 3	⑬ 7	⑭ 2	⑮ 4	⑯ 2	⑰ 3	⑱ 5	⑲ 4	

≫≫ 146쪽 정답

① 4	② 2	③ 4	④ 2	⑤ 2	⑥ 6	⑦ 3	⑧ 5	⑨ 3	⑩ 3
⑪ 3	⑫ 3	⑬ 4	⑭ 5	⑮ 3	⑯ 2	⑰ 2	⑱ 4	⑲ 2	⑳ 4

≫≫ 147쪽 정답

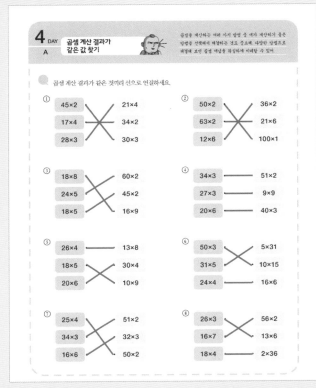

≫≫ 148쪽 정답

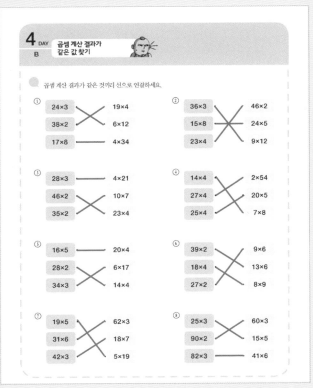

≫≫ 149쪽 정답

① <　　　② <　　　③ =　　　④ >　　　⑤ =
⑥ >　　　⑦ >　　　⑧ >

≫≫ 150쪽 정답

① <　　② >　　③ >　　④ >　　⑤ <　　⑥ >
⑦ <　　⑧ <　　⑨ <　　⑩ >　　⑪ <　　⑫ <

≫≫ 151쪽 정답

17×5, 85

≫≫ 157쪽 정답

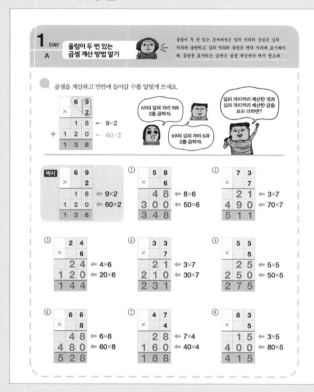

≫≫ 158쪽 정답

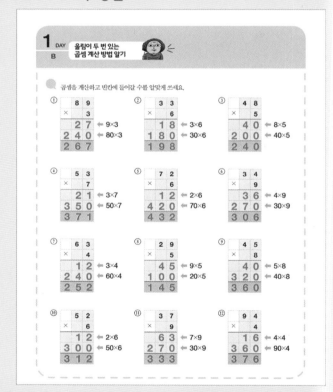

≫≫ 159쪽 정답

① 4, 245　　② 5, 216　　③ 1, 552　　④ 2, 518　　⑤ 4, 528
⑥ 4, 135　　⑦ 2, 504　　⑧ 4, 608　　⑨ 3, 156　　⑩ 2, 267
⑪ 3, 430　　⑫ 4, 189　　⑬ 1, 136　　⑭ 2, 475　　⑮ 3, 315
⑯ 2, 144　　⑰ 3, 396　　⑱ 2, 270　　⑲ 7, 152

≫≫ 160쪽 정답

① 1, 174	② 3, 570	③ 2, 301	④ 4, 145	⑤ 3, 285
⑥ 2, 344	⑦ 5, 196	⑧ 2, 144	⑨ 1, 192	⑩ 1, 378
⑪ 2, 141	⑫ 1, 292	⑬ 5, 294	⑭ 1, 415	⑮ 1, 225
⑯ 4, 228	⑰ 2, 264	⑱ 1, 154	⑲ 2, 108	⑳ 1, 378

≫≫ 161쪽 정답

① 2	② 6	③ 8	④ 2	⑤ 7	⑥ 4	⑦ 9	⑧ 5
⑨ 7	⑩ 7	⑪ 8	⑫ 4	⑬ 6	⑭ 9	⑮ 7	⑯ 4
⑰ 6	⑱ 7	⑲ 5	⑳ 6				

≫≫ 162쪽 정답

① 5	② 8	③ 4	④ 7	⑤ 4	⑥ 4	⑦ 9	⑧ 3
⑨ 5	⑩ 4	⑪ 6	⑫ 2	⑬ 7	⑭ 5	⑮ 9	⑯ 8
⑰ 5	⑱ 4	⑲ 7	⑳ 6				

≫≫ 163쪽 정답

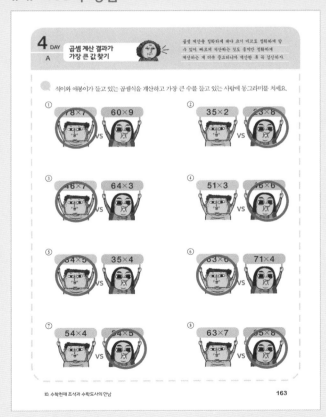

≫≫ 164쪽 정답

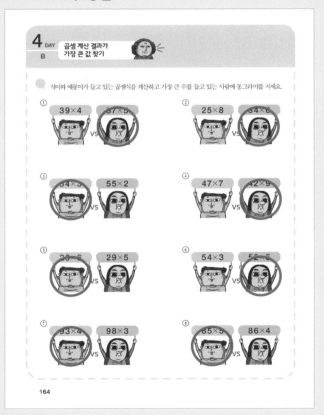

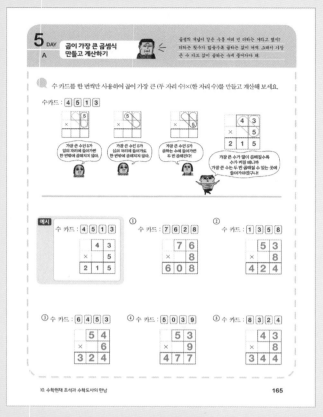

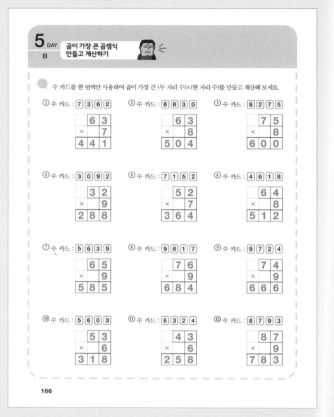

34, 2, 68

캐릭터 만들기

예쁘게 오리고 접어 풀칠해 보세요.
여러분의 수학 실력을 응원하는
멋진 캐릭터 인형이 완성됩니다!

뒷쪽에 풀칠해요

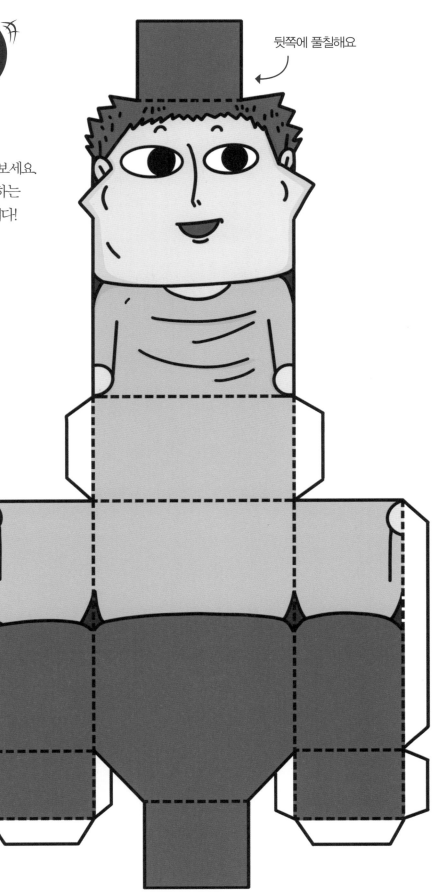